“十三五”职业教育园林园艺类专业规划教材

园林植物识别

主　编　丛　磊
副主编　韩　婧　曾祥划
参　编　夏繁茂　王　琴　吴　丽　杨　帆

机械工业出版社

本书涵盖了园林花卉、园林树木、观赏竹、棕榈类植物、草坪与地被植物五部分内容，重点介绍南北方常见园林植物种或品种的观赏形态(株高及冠形、干枝、叶片、花朵、果实)、最佳观赏期等内容。本书可作为职业院校园林及其相关专业的教学用书，也可作为园林设计、施工人员及园林爱好者的参考用书。

本书配有电子课件，选用本书作为授课教材的教师及自学者可登录 www. cmpedu. com 注册、下载，或联系编辑（010-88379934）索取。此外，读者也可加入机工社园林园艺专家 QQ 群（425764048）交流、讨论。

图书在版编目（CIP）数据

园林植物识别/丛磊主编. —北京：机械工业出版社，2017. 10
(2024.3 重印)
“十三五”职业教育园林园艺类专业规划教材
ISBN 978-7-111-57864-2

Ⅰ. ①园… Ⅱ. ①丛… Ⅲ. ①园林植物-识别-高等职业教育-教材 Ⅳ. ①S68

中国版本图书馆 CIP 数据核字（2017）第 210795 号

机械工业出版社（北京市百万庄大街 22 号　邮政编码 100037）
策划编辑：王莹莹　责任编辑：王莹莹　臧程程
责任校对：叶季存　封面设计：马精明
责任印制：常天培
固安县铭成印刷有限公司印刷
2024 年 3 月第 1 版第 6 次印刷
210mm×285mm · 14. 75 印张 · 439 千字
标准书号：ISBN 978-7-111-57864-2
定价：58. 00 元

前　言

园林植物作为唯一具有生命力特征的园林要素，富有四时及空间变化，是园林绿化的主体，园林绿化设计、施工实际上都是植物材料的运用。园林植物种类繁多，需要学生尽快认知园林中常应用的植物材料，从而为其他专业课程的学习打下坚实的基础。

编者在编写过程中，主要参考了近年来国内出版的相关教材和书籍，根据园林植物的生活型差异，人为进行适用性、实用性分类，重点介绍了与园林应用、设计、工程密切相关的株高及冠形、干枝、叶片、花朵、果实的典型识别要点，同时突出点明每一种植物的最佳观赏期，以及同属中常见应用的其他种或品种；文字叙述上力求简练，突出重点，形象生动，通俗易懂；每种植物配合典型观赏图片，易于掌握，最终方便学生分类，并能清晰、有针对性地查阅及记忆，也方便园林设计师、工程师进行植物景观设计及应用时有针对性地选择。

具体编写分工为：中国农业大学烟台研究院丛磊编写概述、落叶乔木、草坪与地被植物；深圳信息职业技术学院韩婧编写一、二年生花卉及宿根花卉；湖北工业大学王琴编写球根花卉、水生花卉；山东省济宁高级职业学校夏繁茂编写其他花卉；广东生态工程职业学院曾祥划和湖北工业大学杨帆编写常绿乔木、常绿灌木、棕榈类植物、观赏竹；江苏省句容中等专业学校吴丽编写落叶灌木、常绿藤木、落叶藤木。

全书共计收录园林植物种及常用品种830余个，插图六百余张，全书大部分插图为编者个人拍摄，其中观赏竹部分图片来自林如顺，在此真挚地向图片拍摄及提供者致谢。

北京林业大学园林学院刘燕教授对全书进行了审阅，并提出宝贵的修改建议；辽宁朝阳工程技术学校陈振锋老师，在编写前及编写过程中给予诚挚的建议和帮助，特此感谢。

由于编者理论水平和实践经验有限，本书不足之处在所难免，还望广大读者批评指正，以期在修订时改正、完善和提高。

编　者

目 录

单元1　概述

一、园林植物的含义

园林植物是适用于园林绿化的植物材料。其包括室内装饰用的木本和草本的观花、观叶或观果植物，以及适用于园林绿地和风景名胜区的观赏植物与功能植物。

园林植物有木本和草本之分。木本植物是指根和茎因增粗生长形成大量的木质部，而细胞壁也多数木质化和坚固的植物。与木本植物相对的称为草本植物。人们习惯称木本植物为树（木），而草本植物称为草（花）。

二、园林植物的生活型分类

园林植物的生活型就是其生物学特性、生态习性及园林应用的差异，人为进行分类，包括：园林花卉、园林树木、观赏竹、棕榈类植物、草坪与地被植物。

1. 园林花卉

园林花卉即草本花卉，依其生活周期和地下形态特征分类如下。

（1）一年生花卉　在一个生长季内完成全部生活史的花卉。一般春季播种，夏秋开花结实，入冬前死亡，如鸡冠花、凤仙花、半支莲、百日草、千日红、翠菊、牵牛花等。园艺上认为有些虽非自然死亡，但为霜害杀死的也作一年生花卉。

（2）二年生花卉　在两个生长季内完成生活史的花卉。一般秋季播种，第一年形成营养器官，次年初夏开花结实而后死亡，如美国石竹、紫罗兰、桂竹香、绿绒蒿等。

（3）宿根花卉　植株地下部分可以宿存于土壤中越冬，翌年春天地上部分又可萌发生长、开花结籽的多年生花卉，其中地下根系正常的一类，称为宿根花卉。

（4）球根花卉　多年生花卉中地下根或茎变态肥大的一类。由于高温或严寒的不良环境条件，在地上部茎叶枯死之前，植株地下部的茎或根发生变态，膨大形成球状或块状的贮藏器官，以地下球根的形式进入休眠期，渡过不良环境（酷暑或寒冬），至环境条件适宜时，再度生长并开花。

1）通常根据球根的形态结构和变态部位，可分为以下五类。

鳞茎类：鳞茎是变态的枝叶，其地下茎短缩，呈圆盘状的鳞茎盘，其上着生多数肉质膨大的变态叶——鳞片，整体呈球形。根据鳞片排列的状态，其又可分为有皮鳞茎和无皮鳞茎。有皮鳞茎的鳞片呈同心圆层状排列，于鳞茎外包被褐色的膜质鳞皮，以保护鳞茎，如郁金香、风信子、水仙、石蒜、朱顶红、文殊兰等；无皮鳞茎，又称片状鳞茎，鳞茎球体外围不包被膜状物，肉质鳞片沿鳞茎的中轴呈覆瓦状叠合着生，如百合、贝母等。

球茎类：地下茎短缩膨大呈实心球状或扁球形，其上有环状的节，节上着生发达顶芽和侧芽，如唐菖蒲、小苍兰、番红花、秋水仙、观音兰、虎眼万年青等。

块茎类：地下茎变态呈不规则的块状或球状，块茎外无皮膜包被，如花叶芋、仙客来、球根秋海棠、大岩桐、菊芋等。

根茎类：地下茎呈根状肥大，有明显的节与节间，节上有芽并能发生不定根，根茎常常水平横向生长，地下分布浅，又称为根状茎，如美人蕉、鸢尾、荷花、睡莲、姜花、红花酢浆草、铃兰、六出花等。

块根类：由不定根或侧根膨大而呈块状，其功能是贮藏养分和水分。块根无节、无芽眼，只有须根，发芽点只存在于根颈部的节上，如大丽花、花毛茛、欧洲银莲花等。

2）根据栽培习性分为两类。

春植球根：春季栽植，夏秋季开花，冬季休眠，如唐菖蒲、朱顶红、美人蕉、大岩桐、球根秋海棠、大丽花、晚香玉等。

秋植球根：秋季种植后进行营养生长，翌年春季开花，夏季进入休眠，如郁金香、风信子、水仙、球根鸢尾、番红花、仙客来、花毛茛、小苍兰、马蹄莲等。

（5）水生花卉　泛指生长于水中或沼泽地的观赏植物，与其他花卉明显不同的习性是对水分的要求和依赖远远高于其他各类，这也是其独特的习性。根据水生花卉对水分要求和生活方式的不同，可分为以下四类。

挺水类花卉（包括湿生和沼生）：根或地下茎扎入泥中生长发育，上部植株挺出水面，花开时离开水面，对水深的要求因种类不同而异，从沼泽地到水深1～2m，如荷花、黄花鸢尾、千屈菜、菖蒲、石菖蒲、香蒲、水葱、慈姑、梭鱼草、再力花等。

浮水类花卉：根生于泥中，叶片漂浮于水面或略高于水面，花开时近水面，如睡莲、王莲、萍蓬草、芡实、荇菜、莼菜等。

漂浮类花卉：根不生于泥中，整个植株漂浮于水面，随水流、风浪四处漂泊，如大薸、凤眼莲、槐叶萍、水鳖、水罂粟等。

沉水类花卉：根茎生于泥中，整个植株沉入水体之中，通气组织发达，如黑藻、金鱼藻、狐尾藻、苦草、眼子菜、菹草等。

（6）其他花卉　主要指具有相同的形态特征及生态习性的花卉，或某科或属中有大量的种或品种被人类栽培应用，或称为专类花卉，常见有兰科植物、仙人掌及多肉植物、蕨类植物、食虫植物等。

兰科植物：多年生草本，地生或附生，多数属具有假鳞茎。根据原产地及生态习性的差异，园艺栽培上将兰科植物分为（中）国兰、洋兰两大类。国兰多属于地生兰，主要种类有春兰、莲瓣兰、蕙兰、建兰、寒兰、墨兰等；洋兰多属于附生兰，少量属于地生兰，从观赏角度主要种类包括卡特兰、蝴蝶兰、大花蕙兰、万代兰、石斛兰、兜兰、文心兰等。

仙人掌及多肉植物：茎、叶肥厚多汁，具有发达的贮水组织，是抗干旱、抗高温能力很强的一类植物。仙人掌植物常见有仙人掌、白毛掌、黄毛掌、仙人球、金琥、昙花、令箭荷花、蟹爪兰等；多肉植物，或称多浆植物，常见有落地生根、仙人笔、生石花、石莲花、十二卷、霸王鞭、龙舌兰、芦荟、虎尾兰等。

蕨类植物：有独立生活的配子体和孢子体，大多数生于森林植物群落的底层，具有耐阴的习性，如凤尾蕨、荚果蕨、鸟巢蕨、铁线蕨、肾蕨、卷柏类等。

食虫植物：能用植株的某个部位捕捉活的昆虫或小动物，并能分泌消化液，将虫体消化吸收的植物，属于植物的生态适应，如猪笼草、瓶子草、捕蝇草等。

2. 园林树木

园林树木即木本植物，根据生长类型分为三类。

（1）乔木　乔木是具有直立主干、树冠广阔，成熟植株在6m及6m以上的多年生木本植物。依据高度可进一步分为大乔（株高在21m以上）、中乔（株高为11～20m）、小乔（株高为6～10m）。

（2）灌木　灌木植株高度小于6m，有两种类型：一是有低矮主干者，如黄栌、郁李、紫丁香等；二是无明显主干者，茎干自地面生出多数，而呈丛生状，也称为丛木类，如绣线菊、溲疏、连翘、红瑞木等。

（3）藤木　藤木指茎木质化、细长、缠绕或借器官攀缘他物上升的树木，如木通、紫藤、凌霄、金银花、葡萄等。

3. 观赏竹

观赏竹是多年生禾本科竹亚科植物，茎为木质。其茎竿挺拔、修长，四季青翠，根据地下茎的生长情况可分为三种生态型，即单轴散生型、合轴丛生型和复轴混生型。

单轴散生型：具有真正的地下茎（竹鞭），竹竿在地面呈散生状，如早园竹、紫竹、毛竹、刚竹、桂竹、方竹等。

合轴丛生型：地下茎形成多节的假鞭，节上无芽无根，由顶芽出土成竿，竹竿在地面呈密集丛状，如慈竹、佛肚竹、孝顺竹、凤尾竹等。

复轴混生型：兼有单轴型和合轴型两种类型的竹鞭，在地上兼有丛生和散生型竹，如箬竹、茶杆竹等。

4. 棕榈类植物

棕榈类植物的茎单生或丛生，地上不分枝（海非棕属除外）；有大型掌状或羽状叶片，螺旋状排列，常聚生于树干的顶端；叶鞘常有网状纤维（棕衣）；有时有利刺。

常见棕榈类植物有棕榈、蒲葵、假槟榔、大王椰子、鱼尾葵、刺葵、加拿利海枣、散尾葵、袖珍椰子、棕竹、酒瓶椰子、老人葵等。

5. 草坪与地被植物

草坪与地被植物在园林应用上主要分为草坪草、地被植物、观赏草三大类。

1）草坪草是指能够经受一定修剪而形成草坪的草本植物。根据其地理分布和对温度条件的适应性，可分为暖季型和冷季型两大类。暖季型草坪草主要包括狗牙根属、结缕草属、画眉草属、野牛草属、地毯草属和假俭草属等；冷季型草坪草包括早熟禾属、羊茅属、黑麦草属、翦股颖属、雀麦属和碱茅属等。

2）地被植物是指某些有一定观赏价值，铺设于大面积裸露的平地或坡地，或适于阴湿林下和林间隙地等各种环境覆盖地面的多年生草本和低矮丛生、枝叶密集或偃伏性或半蔓性的灌木及藤本。一般按其生物学、生态学特性，并结合应用价值将其分为：灌木类地被植物，如杜鹃花、栀子花、枸杞等；草本地被植物，如三叶草、马蹄金、麦冬等；矮生竹类地被植物，如凤尾竹、鹅毛竹等；藤本及攀缘地被植物，如常春藤、爬山虎、金银花等；蕨类地被植物，如凤尾蕨、水龙骨等；其他一些适应特殊环境的地被植物，如适宜在水边湿地种植的慈姑、菖蒲等，以及耐盐碱能力很强的蔓荆、珊瑚菜和牛蒡等。

3）观赏草是指外形优美、具有观赏价值而可以应用于园林的草本植物。大多对环境要求粗放，管护成本低，抗性强，繁殖力强，适应面广。常见的有蒲苇、狼尾草、荻、芒、细茎针茅、拂子茅、芦竹等。

三、园林植物的基本形态特征

1. 园林植物的外形

（1）园林植物的体量　即植物的高矮与大小，以及由此带给人的尺度、空间、气势等心理感受。主要由植物的遗传性决定，但与外界环境、土壤质地及人工养护管理等关系密切。

（2）园林植物的姿态　即树形或冠形，以及由此呈现的风格、气度等。植物外形是由树冠及树干组成，树冠由一部分主干、主枝、侧枝、叶幕组成。不同的树种各有其独特树形，主要由树种的遗传性而决定，但也受外界环境因子的影响，人工的养护管理及人工辅助修剪整形对园林植物树形更能起决定性作用。另外，一个树种的树形并非永远不变，它随着生长发育过程而呈现出规律性的变化，所以我们一般讲到某个树种的树形或姿态，通常指在正常的生长环境下，其成年树的外貌。

（3）园林植物的质感　园林植物的质感是植物通过表面呈现、叶片质地、植物分枝、高矮、软硬、颜色、光影、季相变化、人工修剪管理等传递给人的视觉和触觉产生的感官判断。一般来说植物外观整齐、规整，分枝细密、柔软，叶片细小、光亮、浓密，植物矮小、树冠紧凑，色彩暗绿、明度低、纯度高，植物萌芽及展叶初期等，都是细质感的表现，反之为粗质感。

2. 园林植物的营养器官

（1）根　植物的根系包括：①直根，有垂直向下生长的主根。主根由胚根发育而来，因其着生于茎干基部，有一定生长部位，故又名定根。主根通常较发达，长圆锥状，有分枝，主根的分枝为侧根，侧根的分枝为支根，支根的分枝为小根，小根先端部分着生有根毛，由主根、侧根、支根、小根、根毛所组成的整个根系，称为直根系。直根系是许多双子叶植物的主要外形特征之一。②须根，无垂直向下生长的主根，间有极不发达或在早期萎缩，代之而起的是于茎干基部，由多数纤细，且无一定着生部位的不定根所组成的须根系。须根系是许多单子叶植物的主要外形特征之一。

（2）茎　茎是种子内胚的胚芽向地上伸长的部分，是植物体的中轴。茎上生枝和叶，带叶和芽的茎叫作枝条。

茎有地上茎和地下茎的分别。地上茎的形态可以分为：

1）直立茎：指垂直的挺立在地面上的茎，大多数植物的茎都是这种情况，如杨树等。

2）匍匐茎：指平卧在地面上，在节上生不定根的茎，如草莓等。

3）攀缘茎：指以卷须等其他特有的变态器官攀缘他物上升的茎，如葡萄等以卷须攀缘他物上升；爬山虎以卷须顶端的吸盘附着墙壁或岩石上升。

4）缠绕茎：指以茎的本身缠绕他物上升的茎，如牵牛花等。还有些植物的茎同时具有攀缘茎和缠绕茎的特点，如萱草。

（3）叶　叶片的形态包括整个叶片的外形、叶片尖端、叶片基部、叶片边缘等几个部分。叶形和叶缘是主要识别特征，叶的形状可以分为：鳞形、锥形、刺形、条形、针形、披针形、倒披针形、三角形、心形、肾形、扇形、菱形、匙形、卵形、倒卵形、圆形、长圆形、椭圆形。叶缘即叶片上除了叶尖、叶基以外的边缘，常见的有全缘、齿牙状、锯齿状、重锯齿状、圆齿状、凹圆齿状、波状、睫毛状、掌状浅裂、掌状深裂、掌状全裂、羽状浅裂、羽状深裂、羽状全裂。

识别植物叶片时，叶缘的性状最稳定。如黄檀小叶片为全缘，白栎叶缘呈波状，青冈栎叶缘1/2以上才有锯齿，化香小叶边缘有重锯齿等。叶形的变化较多，在同一个种的不同植株上，甚至在同一植株的不同枝条上，其叶形也会有不少变化，相差甚大，如垂柳叶片的形态有长圆形、披针形、倒卵形、倒卵状长椭圆形，还有宽椭圆形等；同一种植物，具有两三种叶形是很正常的，尤其在萌生枝条上生长的叶片，与正常枝条上的叶形往往相差甚大。

3. 园林植物的繁殖器官

（1）花　根据花的构造状况，花可以分为完全花和不完全花两类。在一朵花中，花萼、花冠、雄蕊、雌蕊四部分俱全的，叫完全花；缺少其中一至三部分的，叫不完全花。

按雌蕊和雄蕊的状况，花可以分为两种：一朵花中，雄蕊和雌蕊同时存在的，叫作两性花；一朵花中只有雄蕊或只有雌蕊的，叫作单性花。花中只有雄蕊的，叫作雄花；只有雌蕊的，叫作雌花。雌花和雄花生在同一植株上的，叫作雌雄同株；雌花和雄花不生在同一植株上的，叫作雌雄异株。

根据花序的形态分，主要可归纳为两大类，一类是无限花序，另一类是有限花序。无限花序又可以分为简单花序和复合花序，简单花序包括：总状花序、穗状花序、柔荑花序、伞房花序、头状花序、隐头花序、伞形花序、肉穗花序、佛焰花序；复合花序常见的有圆锥花序、复伞形花序、复伞房花序、复穗状花序、复头状花序。有限花序可以分为单歧聚伞花序、二歧聚伞花序、多歧聚伞花序。花序的分类只是相对的，有很多花序的形态介乎两种花序之间。

（2）果实　果实的类型多种多样，依据形成一个果实的花的数目多少或一朵花中雌蕊数目的多少，可以分为单果、聚花果和聚合果。

单果：一朵花中只有一枚雌蕊，由该雌蕊发育为一个果实，称为单果，如苹果、桃。常见的单果有下列几种：蓇葖果、荚果、蒴果、角果、瘦果、颖果、翅果、坚果、双悬果、瓠果、浆果、梨果、柑果。

聚花果：一个花序上所有的花，包括花序轴共同发育为一个果实，称为聚花果，如桑、无花果。

聚合果：一朵花中有许多相互分离的雌蕊，由每一雌蕊形成一小的果实，并相聚在同一花托上形成一个果实，称为聚合果，如莲、蛇莓。

（3）种子　裸子植物和被子植物特有的繁殖体，它由胚珠经过传粉受精形成。种子一般由种皮、胚和胚乳三部分组成，有适于传播或抵抗不良条件的结构，为植物的种族延续创造了良好的条件。

【单元评价】

本单元学习及考核建议：园林植物识别的学习和考核，贯穿于平时调查、整理、动手操作的过程中。最终课程结束后，每位同学建立和拥有属于自己的植物图片库、当地园林植物信息库，方便后期进行相关课程学习时查阅。具体植物种类及课题练习内容，任课教师可根据当地植物资源、常见应用种类及学生实际情况进行选择。

1. 调查整理本地区常见园林植物种类，并简单描述其主要识别特征（列表归纳，识别要点需要用自己的语言，简练概括进行描述）。

编　号	名　称	识别特征	花　期
1			
2			
…			

2. 收集整理园林植物电子图片库。

以小组形式，制作 PPT 上交。PPT 制作要求：每一种植物的图片应至少包括株形、花朵、应用形式，并标注照片收集来源、场所及时间。

课题 1　一、二年生花卉

一、春季开花

1. 三色堇/别名：猫脸花、蝴蝶花/堇菜科 堇菜属

（1）观赏形态

株形：根际生出枝条，低矮丛生状。

叶片：基生叶有长柄，卵圆形。茎生叶卵状长圆形，边缘有整齐的圆钝锯齿。

花朵：叶腋间抽生直立花梗，梗上单生一朵花，大花型花径 8 ~ 10cm，小花型花径 3 ~ 6cm。花瓣 5，近圆形，平展。花单色或每朵花有蓝紫、白、黄三色。

果实：蒴果椭圆形，长 8 ~ 12mm，无毛。

单株规格：株高 15 ~ 20cm，冠幅 15cm。

（2）最佳观赏期　前一年秋冬季播种，花期 4 ~ 6 月，如图 2-1 所示。

（3）同属其他常用种或品种　角堇。

2. 报春花/别名：小种樱草、七重楼、年景花/报春花科 报春花属

（1）观赏形态

株形：直立丛生状。

叶片：基生叶，卵圆形或椭圆形，长 3 ~ 10cm，宽 2 ~ 8cm，先端圆形，质地较薄，边缘有锯齿，叶柄长 5cm 左右，叶脉明显。

花朵：花冠漏斗状或高脚碟状，花通常 2 型，排成伞形花序或头状花序，花冠粉红色、浅蓝紫色或近白色，冠筒长 4 ~ 6mm。

果实：蒴果，球形，直径约 3mm。

单株规格：株高 15 ~ 20cm，冠幅 15 ~ 20cm。

（2）最佳观赏期　前一年秋冬季播种，花期 2 ~ 5 月，如图 2-2 所示。

（3）同属其他常用种或品种　多花报春。

图2-1 三色堇

图2-2 报春花

3. 高雪轮/别名：钟石竹/石竹科 蝇子草属

（1）观赏形态

株形：茎单生，直立，光滑无毛，被白粉，常带粉绿色。上部分枝，有黏液。

叶片：基生叶片匙形，花期枯萎。茎生叶片卵状心形至披针形，长2.5～7cm，宽7～35mm，基部半抱茎，顶端急尖或钝，两面均无毛。

花朵：复伞房花序较紧密。花白色、粉红色或紫红色，花瓣倒卵状楔形，微凹缺或全缘，副花冠片披针形，长约3mm，雄蕊和花柱微外露。

果实：蒴果，长圆形，长6～7mm，比宿存萼短。

单株规格：株高30～50cm，冠幅20cm。

（2）最佳观赏期 花期5～7月，如图2-3所示。

（3）同属其他常用种或品种 矮雪轮。

4. 姬金鱼草/别名：柳穿鱼、小金鱼草、摩洛哥柳穿鱼/玄参科 柳穿鱼属

（1）观赏形态

株形：植株纤细、直立。

叶片：对生，线状披针形，全缘，植株下部叶轮生。

花朵：总状花序顶生，唇形花冠，花冠基部延伸为距，花色为红、黄、白、雪青、青紫等。

果实：蒴果，细小。

单株规格：株高25～30cm，冠幅15～20cm。

（2）最佳观赏期 花期4～6月，如图2-4所示。

图2-3 高雪轮

图2-4 姬金鱼草

5. 金鱼草/别名：龙口花、龙头花、狮子花、洋彩雀/玄参科 金鱼草属

（1）观赏形态

株形：茎直立，基部有时木质化，无毛，有时分枝，中上部被腺毛。

叶片：下部叶对生，上部叶常互生，有短柄。叶片无毛，披针形至矩圆状披针形，全缘。

花朵：总状花序顶生，密被腺毛，花冠筒状唇形，基部膨大成囊状，花冠呈假面状，形似金鱼尾巴而得名。花色有白、浅红、深红、肉色、深黄、浅黄、黄橙等。

果实：蒴果，卵形，基部强烈向前延伸，被腺毛，顶端孔裂。

单株规格：株高 20 ~ 70cm，冠幅 15 ~ 25cm。

（2）最佳观赏期　花期 4 ~ 7 月，如图 2-5 所示。

（3）同属其他常用种或品种　香彩雀（别名：夏季金鱼草）。

图 2-5　金鱼草

6. 雏菊/别名：春菊、延命菊/菊科 雏菊属

（1）观赏形态

株形：低矮簇生状。

叶片：匙形或倒卵形，基部簇生。

花朵：头状花序，单生，舌状花瓣，稍高出叶面，花色主要有红、白、粉红、玫瑰及复色等。

果实：瘦果，倒卵形，扁平，有边脉，被细毛，无冠毛。

单株规格：株高 15 ~ 20cm，冠幅 10 ~ 15cm。

（2）最佳观赏期　花期 3 ~ 6 月，如图 2-6 所示。

7. 白晶菊/别名：晶晶菊、小白菊/菊科 茼蒿菊属

（1）观赏形态

株形：矮而强健。

叶片：互生，一至两回羽状深裂。

花朵：头状花序顶生，花径 3 ~ 4cm，外围舌状花瓣银白色，中心管状花鲜黄色。

果实：瘦果。

单株规格：株高 15 ~ 25cm，冠幅 15 ~ 20cm。

（2）最佳观赏期　花期 3 ~ 5 月，如图 2-7 所示。

（3）同属其他常用种或品种　黄晶菊。

图 2-6　雏菊

8. 瓜叶菊/别名：富贵菊、黄瓜花/菊科 瓜叶菊属

（1）观赏形态

株形：茎直立，分为高生种和矮生种，全株密被白色长柔毛。

叶片：基部叶片大，形如瓜叶，有柄，基部扩大，抱茎。上部叶较小，近无柄。叶缘不规则三角状浅裂或有钝锯齿，上面绿色，下面灰白色，密被绒毛。

花朵：顶生头状花序，多数在茎端聚合成伞房花序，常呈锅底形。花色丰富，除黄色外其他颜色均有，还有红白相间的复色。

果实：瘦果。

单株规格：株高20～90cm，冠幅20～25cm。

（2）最佳观赏期 花期1～4月，如图2-8所示。

图2-7 白晶菊

图2-8 瓜叶菊

9. 玛格丽特花/别名：木春菊、木茼蒿、少女花、蓬蒿菊/菊科 茼蒿菊属

（1）观赏形态

株形：全株光滑无毛，多分枝，茎枝呈木质化。

叶片：单叶互生，椭圆形，为不规则的二回羽状深裂，裂片线形。

花朵：头状花序着生于上部叶腋中，排列成不规则的伞房花序，花梗较长。花色有白、粉、黄等。

单株规格：株高60～100cm，冠幅30～40cm。

（2）最佳观赏期 花果期2～10月，如图2-9所示。

图2-9 玛格丽特花

10. 金盏菊/别名：金盏花、黄金盏、醒酒花、常春花/菊科 金盏菊属

（1）观赏形态

株形：全株被白色茸毛，茎粗壮直立、紧凑。

叶片：单叶互生，椭圆形或椭圆状倒卵形，全缘。基生叶有柄，上部叶基抱茎。

花朵：头状花序单生茎顶，径4～6cm。舌状花一轮或多轮平展，金黄或橘黄色。筒状花，黄色或褐色。

果实：瘦果，船形或爪形。

单株规格：株高30～60cm，冠幅20～30cm。

（2）最佳观赏期 花期3～6月，如图2-10所示。

11. 南非万寿菊/别名：大芙蓉、臭芙蓉/菊科 蓝目菊属

（1）观赏形态

株形：有矮生种和高生种，茎绿色。

叶片：单叶互生，椭圆形或椭圆状倒卵形，全缘。基生叶有柄，上部叶基抱茎。

花朵：头状花序，多数簇生成伞房状。花单瓣，花径5～6cm，花色有白、粉、红、紫红、蓝、紫等。

果实：瘦果。

单株规格：株高 30 ~ 60cm，冠幅 20 ~ 30cm。

（2）最佳观赏期　花期 3 ~ 6 月，如图 2-11 所示。

图 2-10　金盏菊

图 2-11　南非万寿菊

12. 勋章菊/别名：勋章花、非洲太阳花/菊科 勋章属

（1）观赏形态

株形：有根茎，基生叶丛生状。

叶片：披针形或倒卵状披针形，全缘或有浅羽裂，叶背密被白色柔毛。

花朵：头状花序单生于枝顶，舌状花 1 ~ 2 轮排列，同时有黄、橙、紫红或黄褐色，其花型、花色似英雄勋章而得名。

单株规格：株高 15 ~ 40cm，冠幅 15 ~ 25cm。

（2）最佳观赏期　花期 4 ~ 5 月，如图 2-12 所示。

13. 异果菊/别名：白兰菊、铜钱花、雨菊、绸缎花/菊科 异果菊属

（1）观赏形态

株形：自基部分枝，分枝多且披散，枝叶有腺毛。

叶片：互生，长圆形至披针形，叶缘有深波状齿，茎上部叶小，无柄。

花朵：头状花序顶生，舌状花橙黄色，有时基部紫色。管状花黄色。

果实：瘦果，有两种形态，舌状雌花所结瘦果 3 棱或近圆柱状，管状花所结瘦果心形，扁平，有厚翅。

单株规格：株高 20 ~ 30cm，冠幅 15 ~ 25cm。

（2）最佳观赏期　花期 4 ~ 6 月，如图 2-13 所示。

图 2-12　勋章菊

图 2-13　异果菊

14. 虞美人/别名：丽春花、舞草、赛牡丹/罂粟科 罂粟属

（1）观赏形态

株形：茎直立，有分枝，全株被伸展刚毛，稀无毛。

叶片：单叶互生，叶披针形或窄卵形，羽状分裂，下部全裂。下部叶有柄，上部叶无柄。

花朵：单生于茎顶，花蕾长圆状倒卵形，下垂，开放时挺立向上。花瓣4，圆形，紫红色，基部通常有深紫色斑点，雄蕊多数，深紫红色，花药长圆形，黄色。

果实：蒴果，宽倒卵形，无毛，有不明显的肋。

单株规格：株高25～90cm，冠幅20～35cm。

（2）最佳观赏期　花期3～8月，如图2-14所示。

15. 蒲包花/别名：荷包花、元宝花、状元花/玄参科 蒲包花属

（1）观赏形态

株形：株型直立，丛生状，全株被细小茸毛。

叶片：单叶对生，叶片卵形。

花朵：花冠二唇状，上唇瓣直立较小，下唇瓣膨大似蒲包状，中间形成空室。花色有黄、白、红等，复色，在各底色上着生橙、粉、褐红等斑点。

果实：椭圆状球形，绿色或蓝黑色。

单株规格：株高20～40cm，冠幅25～45cm。

（2）最佳观赏期　花期2～5月，如图2-15所示。

图2-14　虞美人

图2-15　蒲包花

16. 羽衣甘蓝/别名：叶牡丹、花包菜、绿叶甘蓝/十字花科 芸薹属

（1）观赏形态

株形：根系发达，茎缩短，叶片呈莲座状丛生。

叶片：肥厚，倒卵形，被蜡粉。叶缘有紫红、绿、红、粉等颜色，叶面有浅黄、绿等颜色，整个株形如盛开的牡丹而得名。

花朵：顶生总状花序，黄色。

果实：角果，扁圆形，种子圆球形，褐色。

单株规格：株高20～30cm，冠幅25～50cm。

（2）最佳观赏期　叶片观赏期为12月至翌年2月，花期3～4月，如图2-16所示。

17. 六倍利/别名：翠蝶花、山梗菜、半边莲/桔梗科 半边莲属

（1）观赏形态

株形：茎枝细密，半蔓性，铺散于地面上，光滑或下部微被毛。

叶片：对生，上部叶细小，披针形，近基部叶宽大，呈广匙形。

花朵：顶生总状花序，小花有长柄，花冠5裂呈2唇形，上部或侧边2裂片较小，下部3裂片较大，形似蝴蝶展翅。花有浅蓝、红、紫红、粉或玫红色，喉部白色或浅黄色。

单株规格：株高15~20cm，冠幅15~20cm。

（2）最佳观赏期　花期4~6月，如图2-17所示。

图2-16　羽衣甘蓝

图2-17　六倍利

18. 香雪球/别名：小百花、玉蝶球、庭芥/十字花科 香雪球属

（1）观赏形态

株形：矮小，基部常木质化，多分枝呈匍匐状，全株被柔毛。

叶片：条形或披针形，两端渐窄，全缘。

花朵：顶生短总状花序，花小，白色、浅黄色或紫红色，密生呈球形，且有香味，因此得名。

果实：短角果，椭圆形，无毛或在上半部有稀疏“丁”字毛。

单株规格：株高10~40cm，冠幅10~15cm。

（2）最佳观赏期　花期3~6月，如图2-18所示。

19. 桂竹香/别名：黄紫罗兰、香紫罗兰、华尔花/十字花科　桂竹香属

（1）观赏形态

株形：多年生草本常作一、二年生栽培，茎直立或上升，有棱角，基部木质化，有分枝，全株被贴生柔毛。

叶片：全缘，基生叶莲座状，叶片倒披针形至线形，先端急尖，基部渐狭，全缘或稍有小齿。茎生叶较小，互生，近无柄。

花朵：总状花序，花瓣4，倒卵形，有长爪，橘黄色、黄褐色、橙色或玫红色，花芳香。

果实：长角果，线形，有扁4棱，直立，果瓣有明显中肋。

单株规格：株高20~60cm，冠幅20~40cm。

（2）最佳观赏期　花期4~5月，如图2-19所示。

图2-18 香雪球

图2-19 桂竹香

20. 花菱草/别名：加州罂粟、金英花、人参花/罂粟科 花菱草属

（1）观赏形态

株形：茎直立，有明显纵肋，多分枝，开展。

叶片：基生叶叶柄长，灰绿色，多回三出羽状细裂，裂片线形锐尖、长圆形锐尖或钝、匙状长圆形，顶生3裂片中，中裂片较宽短。茎生叶与基生叶同，但较小并有短柄。

花朵：单生于茎顶，花梗长，花托凹陷，漏斗状或近管状，花瓣4，三角状扇形，黄色，基部有橙黄色斑点，花开后成杯状，边缘波状反折。

果实：蒴果，狭长圆柱形。

单株规格：株高30~60cm，冠幅20~40cm。

（2）最佳观赏期 花期4~8月，如图2-20所示。

图2-20 花菱草

21. 矮牵牛/别名：碧冬茄/茄科 碧冬茄属

（1）观赏形态

株形：茎稍直立或匍匐状，被黏质柔毛。

叶片：卵形，全缘，下部叶互生，上部叶对生，叶质柔软。

花朵：单生于枝顶或叶腋，呈漏斗状或喇叭状，花瓣外缘有波状起伏的浅裂。栽培品种重瓣花球形，花白、紫或各种红色，并镶有其他色边。

果实：蒴果。

单株规格：株高20~45cm，冠幅20~30cm。

（2）最佳观赏期 花期4~10月，如图2-21所示。

22. 紫罗兰/别名：草桂花、草紫罗兰、四桃克/十字花科 紫罗兰属

（1）观赏形态

株形：茎直立，基部稍木质化，全株被灰白色毛。

叶片：单叶互生，矩圆形或倒披针形，灰蓝绿色。

花朵：总状花序顶生或腋生，花序直立修长，花瓣4，有长爪，花瓣呈十字形排列，花朵硕大紧凑，像一朵朵小绣球围着花柱。花色为浅紫、粉、白等，有重瓣品种。

果实：长角果，圆柱形，果瓣中脉明显，顶端浅裂，果梗粗壮。

单株规格：株高20~70cm，冠幅20~40cm。

（2）最佳观赏期　花期4～5月，如图2-22所示。

图2-21　矮牵牛

图2-22　紫罗兰

23. 五色草类/别名：五色苋、锦绣苋、红绿草/苋科 虾钳菜属

（1）观赏形态

株形：分枝密集呈丛生状、匍匐状，株丛紧密。

叶片：单叶对生，纤细，舌状，有绿、红、褐、黄或彩斑状等多种颜色，因此得名。

花朵：生于叶腋处，花小，白色。

果实：胞果。

单株规格：株高15～20cm，冠幅10～15cm。

（2）最佳观赏期　观叶期5～10月，如图2-23所示。

图2-23　五色草类

二、夏季开花

1. 百日草/别名：对叶梅、百日菊/菊科 百日草属

（1）观赏形态

株形：茎直立，全株有短毛，侧枝呈叉状分生。

叶片：叶基抱茎，对生，卵圆状至椭圆状，全缘。

花朵：头状花序，单生。舌状花瓣多轮，近扁盘状。花色丰富。

果实：瘦果，倒卵圆形，长6～7mm，宽4～5mm，扁平。

单株规格：株高30～90cm，冠幅30～50cm。

（2）最佳观赏期　花期7～10月，如图2-24所示。

（3）同属其他常用种或品种　丰花百日草（别名：小百日草）。

2. 银边翠/别名：高山积雪/大戟科 大戟属

（1）观赏形态

株形：茎单一直立，自基部向上多分枝，光滑，有柔毛和白色乳液。

叶片：互生，卵形，无柄，全缘，绿色有白色边，夏季开花时，顶端叶缘或全部小叶银白色。

花朵：小，白色。

果实：蒴果，近球形，有长柄，被柔毛。

单株规格：株高60～80cm，冠幅30～40cm。

（2）最佳观赏期 花果期6～9月，如图2-25所示。

图2-24 百日草

图2-25 银边翠

3. 繁星花/别名：五星花、星形花、草本仙丹花/茜草科 五星花属

（1）观赏形态

株形：茎直立或略向外倾斜，分枝能力强，全株被毛。

叶片：对生，卵形、椭圆形或披针状长圆形，顶端短尖，基部渐狭成短柄。

花朵：顶生聚伞形花序，小花呈筒状，花冠5裂，呈五花星形，开花繁茂，因此得名。花有粉、白、红、玫红等色。

单株规格：株高30～70cm，冠幅15～30cm。

（2）最佳观赏期 花期3～10月，如图2-26所示。

4. 旱金莲/别名：旱荷、寒荷、旱莲花/旱金莲科 旱金莲属

（1）观赏形态

株形：肉质茎半蔓生或倾卧，盘曲多姿。

叶片：基生，对生，有长柄，钝圆形，叶缘有不规则稀浅缺刻，形似莲叶，但生长在旱地，因此得名。

花朵：单生或2～3朵集成聚伞花序，生于叶腋，花瓣5，有爪，椭圆状倒卵形或倒卵形，花有黄、金黄、橘红和白等色。

果实：瘦果，扁球形。

单株规格：株高30～70cm，冠幅20～50cm。

（2）最佳观赏期 花期6～10月，如图2-27所示。

图2-26 繁星花

图2-27 旱金莲

5. 蛇目菊/别名：小波斯菊、金钱菊、孔雀菊/菊科 金鸡菊属

（1）观赏形态

株形：茎纤细，光滑，上部有分枝。

叶片：对生，羽状深裂。

花朵：头状花序，径3～4cm，有细长总柄，多数聚成疏松的伞房花序状。舌状花黄色，基部红褐色，管状花紫褐色。

果实：瘦果，种子似臭虫形。

单株规格：株高60～120cm，冠幅50～60cm。

（2）最佳观赏期　花期6～8月，如图2-28所示。

6. 花烟草/别名：烟草花、烟仔花、美花烟草/茄科 烟草属

（1）观赏形态

株形：茎直立，全株被细毛。

叶片：对生，着生于茎下部，卵形或卵状矩圆形，基部稍抱茎或有翅状柄，近无柄，接近花序处叶为披针形。

花朵：顶生松散圆锥花序，花萼钟状或高脚碟状，花冠5裂，呈圆五角星形，花冠筒内藏雌、雄蕊，花色有白、粉、浅黄、紫红等。

果实：蒴果，卵球状。

单株规格：株高60～150cm，冠幅15～30cm。

（2）最佳观赏期　花期8～10月，如图2-29所示。

图2-28　蛇目菊

图2-29　花烟草

7. 藿香蓟/别名：胜红蓟、一枝香/菊科 藿香蓟属

（1）观赏形态

株形：茎粗壮，不分枝或自基部或自中部以上分枝。全部茎枝浅红色，或上部绿色，全株被柔毛。

叶片：对生，有时上部互生，卵形或长圆形。

花朵：数朵头状花序于枝顶排列呈伞房花序，花瓣管状，花色有浅紫、蓝、粉和白色等。

果实：瘦果，黑褐色，5棱，被白色稀疏细柔毛。

单株规格：株高50～100cm，冠幅10～30cm。

（2）最佳观赏期　花期6～10月，如图2-30所示。

图2-30　藿香蓟

8. 红蓼/别名：红草、东方蓼、大毛蓼/蓼科 蓼属

（1）观赏形态

株形：茎直立，粗壮，有节，中空，上部多分枝，密被开展的长柔毛。

叶片：宽卵形、宽椭圆形或卵状披针形，顶端渐尖，基部圆形或近心形，微下延，边缘全缘，密生缘毛，两面密生短柔毛。

花朵：总状花序呈穗状，顶生或腋生，微下垂，花繁密，数个组成圆锥状，花色有红、紫红、桃红等。

果实：瘦果，近圆形，双凹，黑褐色，有光泽，包于宿存花被内。

单株规格：株高 100～200cm，冠幅 40～70cm。

（2）最佳观赏期　花期 6～9 月，如图 2-31 所示。

9. 天竺葵/别名：洋绣球、洋葵、入腊红/牻牛儿苗科 天竺葵属

（1）观赏形态

株形：茎直立，基部木质化，上部肉质，多分枝或不分枝，节明显，密被短柔毛。

叶片：互生，圆形或肾形，茎部心形，边缘波状浅裂，有圆齿，两面被透明短柔毛，正面叶内有暗红色马蹄形环纹。

花朵：伞形花序腋生，花繁茂，总花梗长于叶，被短柔毛。花瓣宽倒卵形，先端圆形，基部有短爪，花为红、橙红、粉红或白色。

果实：蒴果，长约 3cm，被柔毛。

单株规格：株高 30～60cm，冠幅 25～45cm。

（2）最佳观赏期　花期 5～7 月，如图 2-32 所示。

图 2-31　红蓼

图 2-32　天竺葵

10. 美女樱/别名：铺地马鞭草、铺地锦、美人樱/马鞭草科 马鞭草属

（1）观赏形态

株形：茎丛生而匍匐地面，四棱状，全株被灰色细绒毛。

叶片：对生，深裂或有缺刻状粗齿，深绿色。

花朵：穗状花序顶生，花小而密集，排列呈伞房状。花冠筒状、5 裂，有白色、粉色、红色、复色等，芳香。

单株规格：株高 10～50cm，冠幅 30～50cm。

（2）最佳观赏期　花期 6～9 月，如图 2-33 所示。

（3）同属其他常用种或品种　柳叶马鞭草。

图 2-33　美女樱

11. 千日红/别名：百日红、火球花/苋科 千日红属

(1) 观赏形态

株形：茎粗壮，多分枝，节部稍膨大，全株被灰色糙毛，幼时更密。

叶片：对生，纸质，表面粗糙，长椭圆形或矩圆形，顶端急尖或圆钝，叶两面被白色长柔毛及缘毛。

花朵：头状花序球形或矩圆形，1～3朵生于枝顶，花繁茂，每花有2片小苞片，膜质发亮，花色有紫红、浅紫、粉或白，花干后而不凋，经久不变，因此得名。

果实：胞果近球形。

单株规格：株高20～60cm，冠幅15～30cm。

(2) 最佳观赏期　花期6～10月，如图2-34所示。

12. 夏堇/别名：兰猪耳、花公草/玄参科 蝴蝶草属

(1) 观赏形态

株形：茎直立，四棱状，多分枝，株型整齐紧密。

叶片：对生，卵形或卵状披针形，叶缘有锯齿，叶柄长度为叶长的一半，秋季叶色变红。

花朵：腋生或顶生总状花序，花冠唇形，花萼膨大，花色有紫青、桃红、蓝紫、深桃红及紫等，喉部有明显黄斑。

单株规格：株高15～30cm，冠幅15～30cm。

(2) 最佳观赏期　花期6～10月，如图2-35所示。

图2-34　千日红

图2-35　夏堇

13. 美兰菊/别名：皇帝菊、黄帝菊/菊科 黑足菊属

(1) 观赏形态

株形：茎直立，分枝少，全株被灰白色柔毛。

叶片：对生，椭圆形、倒卵形至三角状圆形，叶缘有细齿，先端尖。

花朵：顶生头状花序，舌状花排列呈1轮，花瓣先端有凹陷状缺刻，黄色。

单株规格：株高30～50cm，冠幅20～40cm。

(2) 最佳观赏期　花期5～10月，如图2-36所示。

14. 麦秆菊/别名：蜡菊、贝细工/菊科 蜡菊属

(1) 观赏形态

株形：茎直立，多分枝，全株有微毛。

叶片：互生，长椭圆状披针形，全缘、叶柄短。

花朵：头状花序生于主枝或侧枝的顶端，总苞苞片多层，呈覆瓦状排列，外层苞片膜质，干燥有光泽，形似花瓣，有白、粉、橙、红、黄等色，管状花位于花盘中心，黄色。晴天花开放，雨天及夜间关闭。

果实：瘦果，小棒状，或直或弯，上有四棱。

单株规格：株高50～100cm，冠幅40～60cm。

（2）最佳观赏期 花期7～9月，如图2-37所示。

图2-36 美兰菊

图2-37 麦秆菊

15. 万寿菊/别名：臭芙蓉、蜂窝菊、万寿灯/菊科 万寿菊属

（1）观赏形态

株形：茎直立，粗壮，有纵细条棱，分枝向上平展。全株有特殊臭味。

叶片：对生，羽状深裂，裂片边缘有锯齿，上部叶裂片的齿端有长细芒，基部收缩成长爪，顶端微弯缺，叶缘有明显油腺点。

花朵：头状花序单生，舌状花黄色或暗橙色，舌片倒卵形，基部收缩成长爪，顶端微弯缺。管状花黄色，顶端有5齿裂。

果实：瘦果，线形，基部缩小，黑色或褐色，被短微毛。

单株规格：株高50～150cm，冠幅20～40cm。

（2）最佳观赏期 花期7～11月，如图2-38所示。

（3）同属其他常用种或品种 孔雀草。

16. 紫茉莉/别名：胭脂花、地雷花、夜来香、晚饭花/紫茉莉科 紫茉莉属

（1）观赏形态

株形：根肥粗，倒圆锥形，茎直立，圆柱形，多分枝，无毛后疏生细柔毛，节稍膨大。

叶片：对生，卵形或三角状卵圆形，顶端渐尖，基部截形或心形，全缘，两面均无毛，上部叶几无柄。

花朵：常数朵簇生枝端，无花瓣，萼片花瓣状，花被高脚碟状，花色有紫红、黄、白或杂色。傍晚开花，次日午前凋谢。

果实：瘦果，球形，革质，黑色，表面有皱纹。

单株规格：株高50～100cm，冠幅20～40cm。

（2）最佳观赏期 花期6～10月，如图2-39所示。

图 2-38　万寿菊

图 2-39　紫茉莉

17. 四季秋海棠/别名：蚬肉秋海棠、玻璃翠/秋海棠科 秋海棠属

（1）观赏形态

株形：茎直立，肉质，光滑无毛，基部多分枝，节部稍膨大，呈折弯状向上生长。

叶片：互生，卵形或宽卵形，基部偏斜，叶缘有不规则缺刻并生细茸毛，两面光亮，绿色、紫红色或带紫红色晕。

花朵：数朵簇生于茎顶或叶腋处，雌雄同株异花。雄花较大，花瓣和萼片均 2 枚，雌花较小，花被片 5，花色有白、粉、红和橙红等。

单株规格：株高 15 ~ 30cm，冠幅 20 ~ 30cm。

（2）最佳观赏期　四季均可开花观赏，如图 2-40 所示。

18. 非洲凤仙/别名：何氏凤仙花、苏氏凤仙花/凤仙花科 凤仙花属

（1）观赏形态

株形：肉质茎直立，绿色或浅红色，不分枝或少分枝，无毛或稀在茎顶端被毛。

叶片：互生或上部螺旋状排列，有柄，叶片宽椭圆形或卵形至长圆状椭圆形，叶缘有圆齿状小齿，齿端有小尖，光滑无毛。

花朵：1 ~ 3 朵花着生于茎上部叶腋，花瓣 4，花朵繁茂，花色有鲜红、深红、粉红、紫红、浅紫、蓝紫及白色。

果实：蒴果，纺锤形，无毛。

单株规格：株高 25 ~ 70cm，冠幅 15 ~ 25cm。

（2）最佳观赏期　花期 6 ~ 10 月，如图 2-41 所示。

图 2-40　四季秋海棠

图 2-41　非洲凤仙

（3）同属其他常用种或品种　新几内亚凤仙。

19. 醉蝶花/别名：凤蝶草、紫龙须、蜘蛛花/白花菜科 白花菜属

（1）观赏形态

株形：花茎直立，有黏性腺毛和强烈气味。

叶片：掌状复叶，小叶5～7枚，矩圆状披针形，叶柄基部有2枚托叶变成的小刺。

花朵：顶生总状花序，花多数，由花序底部向上依次开放，花瓣4，披针形，开放时外卷，雄蕊长，雌蕊超过雄蕊，如蝴蝶触角，开放时像蝴蝶翩翩起舞，因此得名。

果实：圆柱形，两端钝，表面近平坦或呈念珠状，有细密但不清晰的脉纹。

单株规格：株高100～150cm，冠幅20～40cm。

（2）最佳观赏期　花期6～9月，如图2-42所示。

20. 茑萝/别名：金丝线、锦屏风、游龙草/旋花科 茑萝属

（1）观赏形态

株形：缠绕草质藤本，茎纤细，长而柔软，无毛。

叶片：单叶互生，羽状全裂至中脉，裂片细长如丝。

花朵：1至数朵生于叶腋，直立，萼片绿色，稍不等长，花冠高脚碟状，无毛，管柔弱，上部稍膨大，花冠先端5裂，鲜红色，形似五角星。

果实：蒴果，卵形，隔膜宿存，透明。

单株规格：茎缠绕攀缘藤架，茎蔓伸长2～5m不等。

（2）最佳观赏期　花期7～9月，如图2-43所示。

图2-42　醉蝶花

图2-43　茑萝

21. 紫苏/别名：桂荏、白苏、赤苏、红苏、水升麻/唇形科 紫苏属

（1）观赏形态

株形：茎直立，绿色或紫色，钝四棱形，有四槽，密被长柔毛。

叶片：对生，阔卵形或圆形，先端短尖或突尖，基部圆形或阔楔形，叶缘有粗锯齿，膜质或草质，两面绿色或紫色，或仅下面紫色，叶面被疏柔毛，叶背被贴生柔毛。

花朵：总状花序生于茎顶或叶腋，偏向一侧，花小，花萼钟形，绿色，花冠筒短，白色至紫色。

果实：坚果，近球形，灰褐色，有网纹。

单株规格：株高30～60cm，冠幅20～50cm。

（2）最佳观赏期　花期8～11月，如图2-44所示。

图2-44　紫苏

22. 雁来红/别名：老来少、三色苋、叶鸡冠/苋科 苋属

（1）观赏形态

株形：茎直立，少分枝。

叶片：下部叶对生，上部叶互生，宽卵形、长圆形和披针形，全缘，叶面有柔毛，无叶柄，入秋叶片变为红、橙、黄色相间。

花朵：花小，不明显，圆锥状聚伞花序顶生，有短柔毛，花梗短。花萼筒状，花冠高脚碟状，浅红、深红、紫、白、浅黄等色。

果实：蒴果，椭圆形，长约5mm，下有宿存花萼。

单株规格：株高15~45cm，冠幅25~40cm。

（2）最佳观赏期　色叶及花期6~10月，如图2-45所示。

（3）同属其他常用种或品种　尾穗苋。

23. 金叶甘薯/别名：金叶番薯/旋花科 番薯属

（1）观赏形态

株形：茎略蔓性生长。

叶片：心形或不规则三角状卵圆形，全缘，偶有缺裂，基部心形，黄绿色，叶柄长，嫩叶有茸毛。

花朵：单生，或组成腋生聚伞花序或伞形至头状花序。

单株规格：株高25~50cm，冠幅20~30cm。

（2）最佳观赏期　色叶期5~10月，如图2-46所示。

图2-45　雁来红

图2-46　金叶甘薯

24. 彩叶草/别名：五彩苏、锦紫苏/唇形科 鞘蕊花属

（1）观赏形态

株形：茎直立，四棱状，基部可木质化，全株有毛。

叶片：单叶对生，卵圆形，先端渐尖，叶缘有钝齿，叶色丰富，有浅黄、桃红、朱红、紫等色彩鲜艳的斑纹，因此得名。

花朵：顶生总状花序，花小，白色、浅蓝色或浅紫色。

果实：坚果，平滑有光泽。

单株规格：株高20~80cm，冠幅30~50cm。

（2）最佳观赏期　色叶及花期6~8月，如图2-47所示。

图2-47　彩叶草

25. 地肤/别名：地麦、落帚、扫帚苗、扫帚菜、孔雀松/藜科 地肤属

（1）观赏形态

株形：株丛紧密，整个株形呈卵圆至圆球形、倒卵形或椭圆形，茎基部木质化，分枝多而细，有短柔毛。

叶片：单叶互生，叶线状披针形、线形或条形。

花朵：穗状花序，开红褐色小花，花极小。

果实：胞果，扁球形。

单株规格：株高50～100cm，冠幅40～70cm。

（2）最佳观赏期　株形及观叶期6～9月，如图2-48所示。

26. 半枝莲/别名：并头草、韩信草、赶山鞭/唇形科 黄芩属

（1）观赏形态

株形：茎直立，四棱状，不分枝或少分枝。

叶片：三角状卵圆形或卵圆状披针形，先端急尖，基部宽楔形或近截形，叶缘有疏而钝的浅齿，有短柄或近无柄。

花朵：顶生总状花序，花对生，花冠唇形，上唇盔状，下唇中裂片梯形，紫蓝色，冠筒基部囊大，花冠蓝紫色，喉部有深紫色斑点。

果实：坚果，褐色，扁球形，有小疣状突起。

单株规格：株高15～55cm，冠幅15～25cm。

（2）最佳观赏期　花期4～7月，如图2-49所示。

图2-48　地肤

图2-49　半枝莲

三、秋季开花

1. 翠菊/别名：江西腊、七月菊/菊科 翠菊属

（1）观赏形态

株形：茎直立，单生，有纵棱，被白色糙毛，分枝斜生或不分枝。

叶片：卵形、匙形或近圆形，顶端渐尖，叶缘有不规则粗锯齿，两面被稀疏的短硬毛，基部叶有柄，上部叶无柄。

花朵：头状花序单生于茎枝顶端，有长花序梗，舌状花多轮排列，有白色和深浅不同的红、兰、紫等色，管状花黄色。

果实：瘦果，长椭圆状倒披针形，稍扁。

单株规格：株高30～100cm，冠幅15～25cm。

（2）最佳观赏期　花期6～10月，如图2-50所示。

图2-50　翠菊

2. 波斯菊/别名：秋英、大波斯菊/菊科 秋英属

（1）观赏形态

株形：茎直立，无毛或稍被柔毛，植株纤细柔美。

叶片：对生，二回羽状深裂，裂片线形或丝状线形。

花朵：头状花序单生，有长柄。舌状花 1 轮，先端有齿，红色、粉红色或白色；管状花黄色。

果实：瘦果，黑紫色，长 8～12mm，无毛，上端有长喙。

单株规格：株高 100～200cm，冠幅 20～40cm。

（2）最佳观赏期　花期 6～10 月，如图 2-51 所示。

3. 鸡冠花/别名：鸡髻花、老来红、芦花鸡冠、笔鸡冠/苋科 青葙属

（1）观赏形态

株形：茎粗壮，少分枝，近上部扁平，绿色或带红色，有棱纹凸起。

叶片：单叶互生，有柄，先端渐尖或长尖，基部渐窄成柄，全缘。

花朵：顶生穗状花序，小花多数，苞片和花被片均呈干膜质，花色深红、鲜红、深紫、橙黄、白色及复色，形似鸡冠，因此得名。

果实：胞果，卵形，成熟时盖裂，包于宿存花被内。

单株规格：株高 30～80cm，冠幅 20～50cm。

（2）最佳观赏期　花期 7～10 月，如图 2-52 所示。

（3）同属其他常用种或品种　凤尾鸡冠花。

图 2-51　波斯菊

图 2-52　鸡冠花

4. 一串红/别名：象牙红、西洋红、炮仗红/唇形科 鼠尾草属

（1）观赏形态

株形：茎直立，钝四棱形，有浅槽，节间处常带紫红色，无毛。

叶片：对生，卵圆形或三角状卵圆形，长 2.5～7cm，宽 2～4.5cm，先端渐尖，基部截形或圆形，稀钝，边缘有锯齿。

花朵：轮伞花序组成顶生直立总状花序。苞片大，卵圆形，红色，在花开前包裹着花蕾，花萼钟形，花冠二唇形，均为鲜艳的红色，一串串着生于直立的花序上，因此得名。

果实：坚果，椭圆形，暗褐色，顶端具不规则极少数的皱褶突起，边缘具狭翅，光滑。

单株规格：株高 30～60cm，冠幅 20～40cm。

（2）最佳观赏期　花期 7～11 月，如图 2-53 所示。

图 2-53　一串红

【课题评价】

本课题学习及考核建议：一、二年生花卉识别的学习和考核，贯穿于平时调查、整理、动手操作的过程中。最终课程结束后，每位同学建立和拥有属于自己的植物图片库、当地园林植物信息库，方便后期进行相关课程学习时查阅。具体植物种类及课题练习内容，任课教师可根据当地植物资源、常见应用种类及学生实际情况进行选择。

1. 调查整理本地区常见一、二年生花卉种类，并简单描述其主要识别特征（列表归纳，识别要点需要用自己的语言，简练概括进行描述）。

编　号	名　称	识别特征	花　期
1			
2			
…			

2. 收集整理一、二年花卉电子图片库。

以小组形式，制作 PPT 上交。PPT 制作要求：每一种花卉的图片应至少包括株形、花朵、应用形式，并标注照片收集来源、场所及时间。

3. 手绘常见一、二年花卉，并用彩色铅笔上色。

课题2 宿根花卉

一、春季开花

1. 白屈菜/别名：山黄连、断肠草/罂粟科 白屈菜属

（1）观赏形态

株形：茎细弱直立，多分枝，呈疏散丛状开展。

叶片：1~2 回羽状全裂，表面绿色，背面有白粉，疏生短柔毛。茎叶断之有黄色乳汁。

花朵：伞形花序，有苞片，花瓣4，黄色。

果实：蒴果，狭圆柱形，长2~5cm，粗2~3mm，有短果柄。

单株规格：株高30~60cm（稀100cm），冠幅30cm。

（2）最佳观赏期　花期4~6月，如图2-54所示。

2. 白头翁/别名：老公花、毛姑朵花/毛茛科 白头翁属

（1）观赏形态

株形：低矮丛生状，全株密被白色柔毛。

叶片：基生，4~5枚，三全裂或有时为三出复叶。

花朵：单生直立，较大，蓝紫色，雄蕊多数，鲜黄色。

果实：瘦果，密集成头状，宿存花柱羽毛状，似银丝团、白头老翁。

单株规格：株高15~30cm，冠幅25cm。

（2）最佳观赏期　花期4~5月，果期5~6月，如图2-55所示。

图2-54　白屈菜

图2-55　白头翁

3. 大花飞燕草/别名：翠雀、鸽子花、百部草/毛茛科 翠雀属

（1）观赏形态

株形：茎直立，茎与叶柄被弯曲短柔毛，中部以上分枝。

叶片：下部叶具长柄，中部以上叶具短柄，叶片圆五角形，三全裂。

花朵：总状花序疏散，着花5～15朵，萼片和花瓣蓝紫色，或白色、淡蓝、深蓝色等，花形似一只只燕子。

果实：蓇葖果。

单株规格：株高35～65cm，冠幅30cm。

（2）最佳观赏期　花期5～10月，如图2-56所示。

4. 大滨菊/别名：西洋滨菊/菊科 茼蒿菊属

（1）观赏形态

株形：茎直立，少分枝，丛生紧凑，全株光滑无毛。

叶片：互生，基生叶具长柄，倒披针形。茎生叶无叶柄，线形，缘有细锯齿。

花朵：头状花序单生茎顶，舌状花白色，多二轮，管状花黄色，具香气。

果实：瘦果。

单株规格：株高40～110cm，冠幅30cm。

（2）最佳观赏期　花期5～6月，如图2-57所示。

图2-56　大花飞燕草

图2-57　大滨菊

5. 红花矾根/别名：珊瑚钟/虎耳草科 矾根属

图 2-58 红花矾根

（1）观赏形态

株形：低矮丛生状，多分枝，疏散开展。

叶片：基生，阔心形至圆形，叶缘具圆齿或浅裂，绿色，或有紫、黄等不同颜色的其他杂交种。

花朵：疏松圆锥花序，花钟状，粉红至红色。

单株规格：株高 30～60cm，冠幅 30cm。

（2）最佳观赏期　观花、观叶植物，花期 4～10 月，如图 2-58 所示。

（3）同属其他常用品种　小花矾根“紫叶宫殿”。

6. 铁筷子/别名：黑毛七、九百棒、见春花、九莲灯/毛茛科 铁筷子属

（1）观赏形态

株形：根状茎直立，密生肉质长须根。

叶片：基生叶 1～2 片，无毛，肾形或五角形，三全裂。茎生叶近无柄，小，二或三深裂。

花朵：1～2 朵生于茎顶，萼片初期粉色，后变绿，花瓣 8～10 枚，淡黄绿色。

果实：蓇葖果，扁，具横脉。

单株规格：株高 30～50cm，冠幅 15～25cm。

（2）最佳观赏期　花期 4～5 月，如图 2-59 所示。

7. 荷包牡丹/别名：荷包花、兔儿牡丹/罂粟科 荷包牡丹属

（1）观赏形态

株形：茎直立，呈丛生状，根状茎肉质、直立，圆柱形。

叶片：二回三出、全裂，具长柄，被白粉。

花朵：总状花序，花着生一侧并下垂，外部 2 枚花瓣粉红色，基部呈囊状，上部狭窄反卷，内部 2 枚花瓣狭长，近白色。

果实：蒴果线形至椭圆形，2 瓣裂。

单株规格：株高 30～60cm，或更高，冠幅 50～80cm。

（2）最佳观赏期　花期 4～6 月，如图 2-60 所示。

（3）同属其他常用种或品种　大花荷包牡丹。

图 2-59 铁筷子

图 2-60 荷包牡丹

8. 铃兰/别名：君影草、山谷百合、风铃草/百合科 铃兰属

图 2-61　铃兰

（1）观赏形态

株形：植株矮小，无毛，根状茎匍匐平展，多分枝。

叶片：春季自根状茎顶芽长出 2～3 枚卵形具弧状脉的叶片，椭圆形或卵状披针形，基部抱有数枝鞘状叶，鞘状互抱。

花朵：总状花序偏向一侧，小花 10 朵左右，白色，钟状，近圆球形，下垂，形似一朵朵随风摇曳的小铃铛，因此而得名。

果实：浆果球形，熟时红色，有毒。

单株规格：株高 18～30cm，冠幅 20cm。

（2）最佳观赏期　花期 5～6 月，果期 7～9 月，如图 2-61 所示。

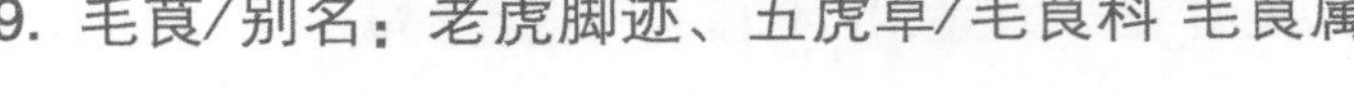

9. 毛茛/别名：老虎脚迹、五虎草/毛茛科 毛茛属

（1）观赏形态

株形：茎直立，具分枝，丛生状，被开展或贴伏的柔毛。

叶片：基生叶多数，圆形或五角星形，掌状裂，渐向上叶片变小，三深裂，最上部叶线形，全缘，无柄。

花朵：聚伞花序松散，花梗长约 8cm，花瓣 5，圆形至三角状卵圆形，亮黄色。

果实：聚合瘦果近球形。

单株规格：株高 30～70cm，冠幅 20～30cm。

（2）最佳观赏期　花期 4～9 月，如图 2-62 所示。

10. 筋骨草/别名：白毛夏枯草、破血丹、苦草/唇形科 筋骨草属

（1）观赏形态

株形：根部膨大，茎直立，无匍匐茎，基部木质化，紫红色或绿紫色。

叶片：基部抱茎，被灰白色疏柔毛，卵状椭圆形至狭椭圆形，叶缘具不规则重锯齿。

花朵：穗状聚伞花序顶生，花漏斗形钟状，花冠二唇形，上唇短，直立，下唇大而长，三裂，花冠粉色、紫色，具蓝色条纹。

果实：坚果长圆状或卵状三棱形。

单株规格：株高 25～40cm，冠幅 20～30cm。

（2）最佳观赏期　花期 4～8 月，果期 7～9 月，如图 2-63 所示。

图 2-62　毛茛

图 2-63　筋骨草

11. 华北耧斗菜/别名：五铃花、紫霞耧斗/毛茛科 耧斗菜属

（1）观赏形态

株形：茎直立，上部分枝，丛生状。

叶片：基生叶具长柄，一或二回三出复叶，小叶三裂，边缘具圆齿。

花朵：2～3朵聚生于枝顶，密被柔毛，花下垂，具花距，萼片和花瓣各5枚，紫色、白色。

果实：蓇葖果，具明显隆起脉网。

单株规格：株高40～60cm，冠幅20～30cm。

（2）最佳观赏期　花期5～6月，如图2-64所示。

12. 毛地黄/别名：洋地黄、自由钟、指顶花/玄参科 毛地黄属

（1）观赏形态

株形：茎直立，单生或数条丛生，全株被灰白色短柔毛。

叶片：卵圆形，粗糙，叶缘具圆齿，叶片由下至上渐小。

花朵：顶生总状花序，小花钟状，紫色、紫红色或白色，喉部有深紫色或紫红色斑点。

果实：蒴果卵形。

单株规格：株高60～120cm，冠幅50～70cm。

（2）最佳观赏期　花期5～6月，果期8～10月，如图2-65所示。

图2-64　华北耧斗菜

图2-65　毛地黄

13. 蒲公英/别名：华花郎、蒲公草、婆婆丁/菊科 蒲公英属

（1）观赏形态

株形：开展丛生状。

叶片：基生，倒卵状披针形，叶缘具波状齿或羽状深裂。

花朵：头状花序，总包钟状，舌状花黄色。

果实：瘦果倒卵状披针形，具冠毛，纤细，结成绒球状，长约6mm，起风后随风飘逸。

单株规格：株高5～15cm，冠幅20cm。

（2）最佳观赏期　花期4～9月，果期5～10月，如图2-66所示。

图2-66　蒲公英

14. 千叶蓍/别名：西洋蓍草/菊科 蓍草属

（1）观赏形态

株形：茎直立，中上部有分枝，基部丛生状。

叶片：互生，矩圆状披针形，2～3 回羽状深裂至全裂，似许多细小叶片。

花朵：头状花序，单朵小花直径 5～7mm，花黄、红、桃红、白色等。

果实：瘦果压扁状。

单株规格：株高 60～100cm，冠幅 30～40cm。

（2）最佳观赏期　花期 6～10 月，如图 2-67 所示。

15. 水杨梅/别名：草本水杨梅、路边青水杨梅/蔷薇科 水杨梅属

（1）观赏形态

株形：茎直立，具分枝，被开展粗硬毛。

叶片：羽状复叶，基生叶大小极不相等，茎生叶较小。

花朵：花单生或伞房状生于枝顶，花瓣 5，黄色。

果实：瘦果多数，排列呈球形。

单株规格：株高 30～100cm，冠幅 30cm。

（2）最佳观赏期　花期 5～8 月，如图 2-68 所示。

图 2-67　千叶蓍

图 2-68　水杨梅

16. 夏枯草/别名：麦穗夏枯草、麦夏枯、铁线夏枯/唇形科 夏枯草属

（1）观赏形态

株形：匍匐根茎，基部多分枝，节上生须根。

叶片：卵状长圆形或卵圆形，大小不等，先端钝，基部圆形、截形至宽楔形，下延至叶柄成狭翅，叶缘具不明显的波状齿或几近全缘。

花朵：轮伞花序密集组成顶生穗状花序，花萼钟形，花冠紫、蓝紫或红紫色。

果实：坚果，黄褐色。

单株规格：株高 20～30cm，冠幅 15～20cm。

（2）最佳观赏期　花期 4～6 月，果期 7～10 月，如图 2-69 所示。

17. 海石竹/白花丹科 海石竹属

（1）观赏形态

株形：低矮丛生状。

叶片：基生，线状长剑形。
花朵：头状花序顶生，小花聚生成密集的球状，花茎细长，粉红至玫瑰红色。
单株规格：株高 20～30cm，冠幅 15～20cm。
（2）最佳观赏期　花期春季，如图 2-70 所示。

图 2-69　夏枯草

图 2-70　海石竹

18. 岩白菜/别名：呆白菜、矮白菜/虎耳草科 岩白菜属

（1）观赏形态
株形：低矮丛生状。
叶片：基生，革质，倒卵形至近椭圆形，边缘具波状齿至近全缘，无毛。
花朵：聚伞花序圆锥状，花瓣阔卵形，先端钝，紫红色。
果实：蒴果，先端 2 瓣裂。
单株规格：株高 30cm，冠幅 30～40cm。
（2）最佳观赏期　花期 5～10 月，如图 2-71 所示。

19. 羽扇豆/别名：多叶羽扇豆、鲁冰花/豆科 羽扇豆属

（1）观赏形态
株形：茎上升或直立，基部分枝，全株被棕色或锈色硬毛。
叶片：掌状复叶，小叶 9～16 枚轮生，倒卵形至匙形，两面均被硬毛。
花朵：顶生总状花序，花序轴纤细，被硬毛，萼二唇形，下唇长于上唇，花蓝、红、黄色。
果实：荚果长圆状线形，密被棕色硬毛。
单株规格：株高 70～150cm，冠幅 20～40cm。
（2）最佳观赏期　花期 5～6 月，如图 2-72 所示。

图 2-71　岩白菜

图 2-72　羽扇豆

20. 玉竹/别名：地管子、尾参、铃铛菜/百合科 黄精属

（1）观赏形态

株形：根茎横走，丛生状。

叶片：互生，椭圆形至卵状矩圆形。

花朵：花序具1～4朵花，花梗长。小花长钟形，花被黄绿色至白色。

果实：浆果蓝黑色。

单株规格：株高20～50cm，冠幅20～30cm。

（2）最佳观赏期　花期5～6月，如图2-73所示。

21. 鸢尾/别名：蝴蝶花、蓝蝴蝶、乌鸢/鸢尾科 鸢尾属

（1）观赏形态

株形：根状茎粗壮，植株呈扁平扇形。

叶片：基生，直立嵌叠着生，黄绿色，宽剑形，具纵脉。

花朵：1～2朵生于枝顶，花被片6，外轮重瓣3片大而外弯或下垂，内轮旗瓣小，直立或呈拱形，蓝紫色。

果实：蒴果长圆形，具3～6角棱。

单株规格：株高30～40cm，冠幅30cm。

（2）最佳观赏期　花期4～5月，如图2-74所示。

图2-73　玉竹

图2-74　鸢尾

（3）同属其他常用种或品种　德国鸢尾、蝴蝶花。

22. 马蔺/别名：马莲、马兰、马兰花/鸢尾科 马蔺属

（1）观赏形态

株形：密集丛生伞状。

叶片：基生，坚韧，宽线形，灰绿色，长约50cm，宽0.4～0.6cm，顶端渐尖，基部鞘状，带红紫色，无明显的中脉。

花朵：花茎光滑，2～4朵花，花为浅蓝色、蓝色或蓝紫色，花被上有较深色的条纹。

果实：果期6～9月。蒴果长椭圆状柱形，有6条明显的肋，顶端有短喙。

单株规格：株高50～60cm，冠幅40～50cm。

（2）最佳观赏期　花期5～6月，如图2-75所示。

图2-75　马蔺

二、夏季开花

1. 薄荷/别名：银丹草/唇形科 薄荷属

（1）观赏形态

株形：茎直立，下部数节具纤细的须根及水平匍匐根状茎，丛生状。

叶片：对生，长圆状披针形，叶缘具细锯齿。

花朵：轮伞花序腋生，花萼管状钟形，花冠4裂，上裂片较大，其余裂片相对较小，先端钝，淡紫色。

果实：坚果卵珠形，黄褐色，具小腺窝。

单株规格：株高30~60cm，冠幅10~15cm。

（2）最佳观赏期　花期7~9月，果期10月，如图2-76所示。

（3）同属其他常用品种　花叶薄荷。

2. 玉簪/别名：玉春棒、白鹤花、白玉簪/百合科 玉簪属

（1）观赏形态

株形：根状茎粗厚，丛生状。

叶片：基生或丛生，卵形至心状卵形，具长柄，平行脉，端尖，基部心形。

花朵：顶生总状花序，着花9~15朵，高出叶面，花白色，筒状漏斗形，有芳香。因其花苞质地娇莹如玉，状似头簪而得名。

果实：蒴果圆柱状，有三棱。

单株规格：株高50~70cm，冠幅40~50cm。

（2）最佳观赏期　花期7~9月，果期9~10月，如图2-77所示。

（3）同属其他常用品种　花叶玉簪（别名：波叶玉簪）、紫萼（别名：紫玉簪、紫萼玉簪）。

图2-76　薄荷

图2-77　玉簪

3. 芙蓉葵/别名：草芙蓉、大花秋葵/锦葵科 木槿属

（1）观赏形态

株形：茎亚灌木状，丛生开展。

叶片：单叶互生，叶背及柄生灰色星状毛，叶形多变，基部圆形，缘具梳齿。

花朵：大型，单生于叶腋，玫瑰红或白色，花萼宿存。

果实：蒴果，形似辣椒。

单株规格：株高1~2m，冠幅60~100cm。

(2) 最佳观赏期　花期6~9月，如图2-78所示。

4. 桔梗/别名：包袱花、铃铛花、僧帽花/桔梗科 桔梗属

(1) 观赏形态

株形：茎直立，不分枝或极少分枝。

叶片：互生或三叶轮生，卵形至披针形，叶缘具细锯齿。

花朵：单生或数朵生于茎顶，花萼钟状五裂片，被白粉，花冠大，未开放时形同僧侣帽子，开放时钟状，蓝色、紫色或白色。

果实：蒴果球状。

单株规格：株高20~120cm，冠幅20~30cm。

(2) 最佳观赏期　花期6~9月，如图2-79所示。

图2-78　芙蓉葵

图2-79　桔梗

5. 风铃草/别名：钟花、瓦筒花、风铃花/桔梗科 风铃草属

(1) 观赏形态

株形：茎粗壮，直立，不分枝。

叶片：基生叶卵形，叶缘具圆齿。茎生叶小而无柄。

花朵：总状花序，小花1朵或2朵生于叶腋，花冠筒状钟形，前端5浅裂，裂片卵圆形至三角状圆形，平展，花色粉、紫、红、白色等，花形似风铃而得名。

果实：蒴果。

单株规格：株高20~60cm，冠幅20~25cm。

(2) 最佳观赏期　6~8月，如图2-80所示。

(3) 同属其他常用种或品种　紫斑风铃草。

图2-80　风铃草

6. 蛇鞭菊/别名：麒麟菊、猫尾花/菊科 蛇鞭菊属

(1) 观赏形态

株形：地上茎直立，茎基部膨大呈扁球形，株形锥状。

叶片：基生叶线形披针形，长达30cm。

花朵：多数小头状花序聚集成密长穗状花序，小花由上而下次第开放，好似响尾蛇那沙沙作响的尾巴，呈鞭形而得名，小花紫色或白色。

果实：自然结实率极低。

单株规格：株高 60 ~ 80cm，冠幅 20 ~ 30cm。

（2）最佳观赏期　花期 6 ~ 8 月，如图 2-81 所示。

7. 钓钟柳/别名：象牙红/玄参科 钓钟柳属

（1）观赏形态

株形：莲座状，全株被绒毛。

叶片：交互对生，基生叶卵形，茎生叶披针形。

花朵：花 3 ~ 4 朵生于叶腋与总梗上，组成顶生长圆锥形花序，花钟状唇形，上唇 2 裂，下唇 3 裂，紫、玫瑰红、紫红或白等色，具有白色条纹。

单株规格：株高 15 ~ 45cm，冠幅 15 ~ 25cm。

（2）最佳观赏期　花期 7 ~ 10 月，如图 2-82 所示。

图 2-81　蛇鞭菊

图 2-82　钓钟柳

8. 黑心菊/别名：黑心金光菊、黑眼菊/菊科 金光菊属

（1）观赏形态

株形：茎直立，粗壮，枝叶粗糙，全株被毛。

叶片：近根出叶，上部叶互生，叶匙形及阔披针形，叶基下延至茎呈翼状，羽状分裂。

花朵：头状花序，具短梗。舌状花黄色至褐紫色，管状花褐色至紫色，密集成圆球形。

果实：瘦果。

单株规格：株高 60 ~ 100cm，冠幅 50 ~ 100cm。

（2）最佳观赏期　6 ~ 10 月，如图 2-83 所示。

（3）同属其他常用种或品种　金光菊。

图 2-83　黑心菊

9. 大花金鸡菊/别名：剑叶波斯菊、狭叶金鸡菊/菊科 金鸡菊属

（1）观赏形态

株形：茎直立，下部常有稀疏的糙毛，上部有分枝。

叶片：对生，基生叶具长柄，披针形或匙形，中部及上部叶 3 ~ 5 深裂，裂片线形或披针形。

花朵：头状花序单生于枝端，舌状花 6 ~ 10，舌片宽大，黄色，管状花两性。

果实：瘦果广椭圆形或近圆形。

单株规格：株高 20 ~ 100cm，冠幅 20cm。

（2）最佳观赏期　花期5～9月，如图2-84所示。

（3）同属其他常用种或品种　轮叶金鸡菊。

10. 长春花/别名：四时春、日日春、金盏草/夹竹桃科 长春花属

（1）观赏形态

株形：亚灌木，略有分枝，有水液，全株无毛或仅有微毛。茎近方形，有条纹，灰绿色。

叶片：膜质，倒卵状长圆形，先端浑圆，有短尖头，基部广楔形至楔形，渐狭而成叶柄。叶脉在叶面扁平，在叶背略隆起，侧脉约8对。

花朵：聚伞花序腋生或顶生，有花2～3朵。花萼5深裂，内面无腺体或腺体不明显，萼片披针形或钻状渐尖。花冠红色，高脚碟状，花冠筒圆筒状。

果实：蓇葖果双生，直立，平行或略叉开。

单株规格：株高60cm，冠幅40～50cm。

（2）最佳观赏期　全年花果期，如图2-85所示。

图2-84　大花金鸡菊

图2-85　长春花

11. 火炬花/别名：红火棒、火把莲/百合科 火炬花属

（1）观赏形态

株形：茎直立，叶近基部丛生状。

叶片：线形至剑形，革质。

花朵：数百朵筒状小花形成穗状花序，呈火炬形，顶部花橘红色，下部花渐变至黄色带红晕。

果实：蒴果，黄褐色。

单株规格：花莛可高达1m，冠幅30～50cm。

（2）最佳观赏期　花期6～7月，果期9月，如图2-86所示。

图2-86　火炬花

12. 黄芩/别名：山茶根、土金茶根/唇形科 黄芩属

（1）观赏形态

株形：茎基部伏地上升，多分枝。

叶片：纸质，披针形至线状披针形。

花朵：总状花序在茎及枝上顶生，花冠紫、紫红至蓝色。

果实：坚果卵球形。

单株规格：株高 30～120cm，冠幅 15～25cm。

（2）最佳观赏期　花果期 7～9 月，如图 2-87 所示。

13. 藿香/别名：合香、苍告、山茴香/唇形科 藿香属

（1）观赏形态

株形：茎直立，上部被极短细毛，并具能育分枝。

叶片：交互对生，心状卵形至长圆状披针形，叶缘具波状粗齿。

花朵：轮伞花序组成顶生穗状花序，花冠二唇形，上唇直伸，下唇 3 裂，淡紫蓝色。

果实：坚果卵状长圆形。

单株规格：株高 50～150cm，冠幅 30～50cm。

（2）最佳观赏期　花期 6～9 月，果期 9～11 月，如图 2-88 所示。

图 2-87　黄芩

图 2-88　藿香

14. 剪秋罗/别名：大花剪秋罗/石竹科 大花剪秋罗属

（1）观赏形态

株形：茎直立，不分枝或上部分枝，全株被柔毛。

叶片：对生，无柄，叶卵状长圆形，基部圆形，两面被硬毛。

花朵：聚伞花序顶生，花瓣 5，上部平展，先端 2 深裂，橘红色或鲜红色。

果实：蒴果长卵形，成熟时 5 齿裂。

单株规格：株高 50～80cm，冠幅 20～30cm。

（2）最佳观赏期　花期 6～7 月，果期 8～9 月，如图 2-89 所示。

图 2-89　剪秋罗

15. 荆芥/别名：香荆荠、线荠、四棱杆蒿、假苏/唇形科 荆芥属

（1）观赏形态

株形：茎坚硬，基部木质化，多分枝。

叶片：卵状，基部心形至截形，叶缘具粗圆齿，叶面被极短硬毛，背面被短柔毛。

花朵：下部花序聚伞状腋生，上部顶生圆锥花序，花唇形，上唇短，下唇三裂，花冠白色，下唇具紫点。

果实：坚果卵形，灰褐色。

单株规格：株高 40～150cm，冠幅 25～45cm。

（2）最佳观赏期　花期 7～9 月，如图 2-90 所示。

16. 老鹳草/别名：老鹳嘴、老鸦嘴、贯筋/牻牛儿苗科 老鹳草属

（1）观赏形态

株形：茎直立，单生。

叶片：基生叶圆肾形，裂片倒卵状楔形，茎生叶 3 裂，裂片长卵形，上部齿状浅裂。

花朵：花序腋生和顶生，花瓣 5，白色或淡红色，倒卵形。

果实：蒴果长约 2cm，被短柔毛和长糙毛。

单株规格：株高 30～50cm，冠幅 20～30cm。

（2）最佳观赏期　花期 6～8 月，果期 8～9 月，如图 2-91 所示。

图 2-90　荆芥

图 2-91　老鹳草

17. 东方罂粟/别名：鬼罂粟、近东罂粟/罂粟科 罂粟属

（1）观赏形态

株形：直立，全株被刚毛。

叶片：基生叶，具长柄，二回羽状深裂，茎生叶互生，小。

花朵：单生，花瓣 4～6 枚，红、粉及橙黄色，花瓣基部具大黑斑。

果实：蒴果近球形，苍白色，无毛。

单株规格：株高 1m 左右，冠幅 20～30cm。

（2）最佳观赏期　花期 6～7 月，如图 2-92 所示。

（3）同属其他常用种或品种　高山罂粟、冰岛罂粟、大红罂粟。

图 2-92　东方罂粟

18. 落新妇/别名：红升麻、术活、山花七/虎耳草科 落新妇属

图 2-93 落新妇

（1）观赏形态

株形：茎直立，具分枝，呈开展丛生状。

叶片：基生叶二至三回三出复叶，小叶披针形，边缘具齿，茎生叶较小，棕红色。

花朵：圆锥花序密被褐色卷曲长柔毛，花密集，几无梗，花瓣5，窄条形。

果实：有时可见橘黄色果实。

单株规格：株高可达50～100cm，冠幅20～40cm。

（2）最佳观赏期 花果期6～9月，如图2-93所示。

19. 毛蕊花/别名：牛耳草、大毛叶/玄参科 毛蕊花属

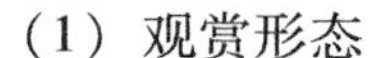

（1）观赏形态

株形：茎直立，全株被密且厚的浅灰黄色星状毛。

叶片：基生叶和下部茎生叶倒披针状矩形，叶缘具浅圆齿，上部茎生叶逐渐变小为矩圆形。

花朵：穗状花序圆柱状，长达30cm，花密集，花梗很短，花冠黄色。

果实：蒴果卵形。

单株规格：株高可达60～150cm，冠幅30～50cm。

（2）最佳观赏期 花期6～8月，果期7～10月，如图2-94所示。

20. 美国薄荷/别名：马薄荷、佛手甜/唇形科 美国薄荷属

（1）观赏形态

株形：茎直立，四棱形。

叶片：对生，卵形或卵状披针形，叶背被柔毛，叶缘有锯齿。

花朵：密集于茎顶，萼细长，花冠管状，裂片略成二唇形，淡紫红色。

果实：坚果卵球形，光滑。

单株规格：株高100～120cm，冠幅20～40cm。

（2）最佳观赏期 花期6～9月，如图2-95所示。

图 2-94 毛蕊花

图 2-95 美国薄荷

21. 绵毛水苏/唇形科 水苏属

(1) 观赏形态

株形：茎直立，四棱形，密被灰白色丝状绵毛。

叶片：基生叶及茎生叶长圆状椭圆形，叶缘具小圆齿，质厚，两面均密被灰白色丝状绵毛，基部半抱茎。

花朵：轮伞花序向上密集组成顶生穗状花序，花萼管状钟形，外面密被丝状绵毛，紫红色。

果实：坚果长圆形，褐色，无毛。

单株规格：株高约60cm，冠幅45~50cm。

(2) 最佳观赏期　花期7月，如图2-96所示。

图2-96　绵毛水苏

22. 穗花婆婆纳/玄参科 婆婆纳属

(1) 观赏形态

株形：茎直立挺拔，单生或数枝丛生。

叶片：对生，披针形至卵圆形，近无柄。茎基部叶常丛生，长矩圆形，中部的叶椭圆披针形，先端急尖，上部叶小。全部叶边缘具圆齿或锯齿，被黏质腺毛。

花朵：穗状花序细长且挺立，着生于茎顶，小花几无花梗，花蓝紫色，雄蕊略伸出花冠，花由下至上逐渐开放。

果实：球状矩圆形，上半部被多长腺毛。

单株规格：株高40~50cm，冠幅20~30cm。

(2) 最佳观赏期　花期6~8月，如图2-97所示。

23. 山桃草/别名：千鸟花、千岛花、玉蝶花/柳叶菜科 山桃草属

(1) 观赏形态

株形：茎直立，粗壮，多分枝，常呈稀疏丛生状。

叶片：互生，卵状披针形，向上渐变小，先端锐尖，基部楔形，叶缘具波状齿，两面均被贴叶面长柔毛。

花朵：顶生穗状花序长，花瓣4，单侧排列，花丝细长，伸于花冠之外，初开时白色，后渐变为粉红色。

果实：蒴果狭纺锤形，熟时褐色，具明显的棱。

单株规格：株高60~100cm，冠幅30~50cm。

(2) 最佳观赏期　花期5~8月，如图2-98所示。

图2-97　穗花婆婆纳

图2-98　山桃草

24. 蜀葵/别名：一丈红、大蜀季、戎葵/锦葵科 蜀葵属

(1) 观赏形态

株形：茎高大直立，密被刺毛。

叶片：近圆心形，掌状 5 ~7 浅裂，裂片三角形或圆形，叶面粗糙，疏被星状柔毛，叶背被星状长硬毛。

花朵：单朵或数朵生于叶腋，排列呈总状花序，花大，单瓣或重瓣，花瓣先端凹陷，花白、黄、粉红、红和紫色。

果实：蒴果，种子扁圆，肾形。

单株规格：株高可达 2m，冠幅 40 ~60cm。

(2) 最佳观赏期 花期 6 ~8 月，如图 2-99 所示。

图 2-99 蜀葵

25. 射干/别名：乌扇、乌蒲、夜干/鸢尾科 射干属

(1) 观赏形态

株形：具根状茎，植株挺立，呈丛生状。

叶片：互生，剑形，基部鞘状抱茎，相互嵌叠，先端渐尖，无中脉。

花朵：数朵着生于茎顶，花梗细，花被裂片 6，橙红至橘黄色，内部散布紫红或红褐色斑点。

果实：蒴果倒卵形或长椭圆形，黄绿色。

单株规格：株高 40 ~80cm，冠幅 30 ~50cm。

(2) 最佳观赏期 花期 6 ~8 月，如图 2-100 所示。

26. 肥皂草/别名：石碱花/石竹科 肥皂草属

(1) 观赏形态

株形：茎直立，不分枝或上部分枝。

叶片：对生，椭圆形或椭圆状披针形，基部渐狭成短柄状，半抱茎，顶端急尖，叶缘粗糙，具 3 或 5 基出脉。

花朵：聚伞圆锥花序，花萼长筒状，绿色，花瓣 5，倒卵形，白色或淡红色。因其含皂甙，可用于洗涤器物而得名。

果实：蒴果长圆状卵形。

单株规格：株高 30 ~70cm，冠幅 30 ~40cm。

(2) 最佳观赏期 花期 6 ~9 月，如图 2-101 所示。

图 2-100 射干

图 2-101 肥皂草

27. 紫松果菊/别名：紫锥菊、紫锥花/菊科 松果菊属

图 2-102 紫松果菊

(1) 观赏形态

株形：茎直立，全株被粗硬毛。

叶片：基生叶先端渐尖，基部阔楔形并下延与叶柄相连，茎生叶单叶互生，叶柄基部略抱茎。叶缘均具疏浅锯齿。

花朵：头状花序单生于枝顶，舌状花一轮，粉紫色或紫红色。管状花紫色或橙褐色，呈突出的塔球形，形似松果，因此得名。

单株规格：株高 60～150cm，冠幅 20～30cm。

(2) 最佳观赏期 花期 6～7 月，如图 2-102 所示。

28. 鼠尾草/别名：撒尔维亚、南丹参/唇形科 鼠尾草属

(1) 观赏形态

株形：茎直立，基部木质化，上部具分枝，呈丛生状，全株被柔毛。

叶片：对生，长椭圆形至披针形，叶缘具波状齿。

花朵：轮伞花序组成顶生的长总状花序，花萼筒状，花冠二唇形，紫色或蓝紫色，远看形似老鼠尾巴而得名。

果实：坚果椭圆形，褐色，光滑。

单株规格：株高 40～60cm，冠幅 15～20cm。

(2) 最佳观赏期 花期 6～9 月，如图 2-103 所示。

29. 宿根福禄考/别名：天蓝绣球、草夹竹桃/花荵科 天蓝绣球属

(1) 观赏形态

株形：茎粗壮，直立，上部分枝。

叶片：交互对生，有时 3 叶轮生，长圆形或卵状披针形，全缘，两面疏生短柔毛。

花朵：密集成顶生伞房状圆锥花序，花冠高脚碟状，裂片倒卵形，平展，有淡红、红、白、紫等色。

果实：蒴果卵形，稍长于萼管，3 瓣裂。

单株规格：株高 60～100cm，冠幅 20～25cm。

(2) 最佳观赏期 花期 6～9 月，如图 2-104 所示。

图 2-103 鼠尾草

图 2-104 宿根福禄考

30. 大花萱草/别名：大苞萱草/百合科 萱草属

图 2-105 大花萱草

（1）观赏形态

株形：肉质根茎短，叶片从中抽生呈丛簇状。

叶片：基生，狭长的线形，排成两列。

花朵：花莛从叶丛中抽出，2～4 朵花聚生于枝顶，花大，花冠漏斗状至钟形，开放时裂片外弯，鲜艳的橘红色至橘黄色。

果实：蒴果椭圆形，稍有三钝棱。

单株规格：株高 25～45cm，冠幅 30～50cm。

（2）最佳观赏期　花期 6～10 月，如图 2-105 所示。

（3）同属其他常用品种　“金娃娃”萱草。

31. 薰衣草/别名：灵香草、香草、黄香草/唇形科 薰衣草属

图 2-106 薰衣草

（1）观赏形态

株形：茎直立上伸或斜向上伸，呈簇状。

叶片：对生，狭披针形至线形。

花朵：轮伞花序，聚生于枝顶形成穗状花序，小花二唇形，紫色或蓝紫色。

果实：坚果光滑，有光泽，具有一基部着生面。

单株规格：株高 30～90cm，冠幅 10～15cm。

（2）最佳观赏期　花期 6～8 月，如图 2-106 所示。

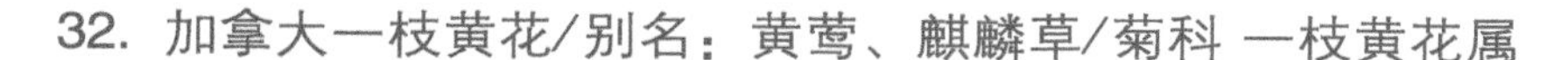

32. 加拿大一枝黄花/别名：黄莺、麒麟草/菊科 一枝黄花属

图 2-107 加拿大一枝黄花

（1）观赏形态

株形：茎直立、秆粗壮，中下部直径可达 2cm，下部一般无分枝，常成紫红色。

叶片：披针形或线状披针形，长 5～12cm，互生，顶渐尖，基部楔形，近无柄。大多呈三出脉，边缘具锯齿。

花朵：蝎尾状圆锥花序，长 10～50cm，具向外伸展的分支。

果实：瘦果，全部具细柔毛。

单株规格：株高 150～300cm，冠幅 50～60cm。

（2）最佳观赏期　花果期 10～11 月，如图 2-107 所示。

33. 月见草/别名：晚樱草、待霄草、山芝麻/柳叶菜科 月见草属

（1）观赏形态

株形：植株粗壮，基生叶紧贴地面，呈莲座状，全株背毛。

叶片：基生叶倒披针形，先端锐尖，基部楔形，叶缘疏生不规则浅钝齿，两面被曲柔毛与长毛。茎生叶互生，椭圆形至倒披针形，先端锐尖至短渐尖，基部楔形，叶缘具稀疏钝齿。

花朵：穗状花序，花蕾直立，长圆形或披针形，花瓣4，黄色，具香味。黄昏开放，翌日凋谢而得名。

果实：蒴果圆柱状，被曲柔毛与腺毛。

单株规格：株高 30～100cm，冠幅 20cm。

（2）最佳观赏期　花期 4～10 月，如图 2-108 所示。

（3）同属其他常用种或品种　美丽月见草。

34. 蓝刺头/菊科 蓝刺头属

（1）观赏形态

株形：茎直立，具白绵毛，少分枝。

叶片：互生，2 回羽状深裂，裂片披针形，叶缘具刺状尖齿。

花朵：复头状花序呈圆球形，花冠筒状，

果实：瘦果长四棱形或圆柱形，常被长柔毛，顶端具多枚短鳞片。

单株规格：株高 50～150cm，冠幅 30～40cm。

（2）最佳观赏期　花期 8～9 月，如图 2-109 所示。

图 2-108　月见草

图 2-109　蓝刺头

35. 太平洋亚菊/菊科 菊属

（1）观赏形态

株形：开展整齐，丛生。

叶片：基生，倒卵形至宽匙形，叶缘上半部分具 5 波浪状浅裂，叶背密被白毛，叶缘呈银白色。

花朵：簇生，头状花序，花小，鲜艳的黄色，花量较大。

单株规格：株高 35～45cm，冠幅 30～40cm。

（2）最佳观赏期　花期 9～11 月，如图 2-110 所示。

36. 菊花/别名：黄花、秋菊、节花/菊科 菊属

（1）观赏形态

株形：茎直立，基部半木质化，呈丛簇状。

叶片：单叶互生，卵形至披针形，羽状浅裂或深裂，叶缘具锯齿，因品种不同，叶形变化较大。

花朵：头状花序顶生或腋生，花序外围为雌性舌状花，中央为两性管状花，密集呈盘状。不同品种舌状花和管状花的比例和瓣形变化较大，有平瓣、管瓣、匙瓣、桂瓣、剪绒和畸瓣等。花色丰富，有黄、白、红、橙、蓝、紫和黑色等。

果实：瘦果，上端稍尖，呈扁平楔形，表面有纵棱纹，褐色，果实发育不多。

单株规格：株高 60～150cm，冠幅 20～30cm。

（2）最佳观赏期　不同品种花期差异较大，早菊 9～10 月，秋菊 10～12 月，寒菊 12 月至翌年 1 月，

还有夏菊和四季菊，如图2-111所示。

图2-110 太平洋亚菊

图2-111 菊花

37. 紫菀/别名：青苑、紫倩、返魂草/菊科 紫菀属

（1）观赏形态

株形：根状茎斜升，茎直立粗壮，上部具少量分枝，呈稀疏开展的丛簇状。

叶片：基生叶，长圆状或椭圆状匙形，叶缘具圆齿或浅齿。下部叶匙状长圆形，常较小，具柄。中部叶长圆披针形，无柄，全缘或有浅齿。上部叶狭小。全部叶上面被短糙毛，下面被稍疏的但沿脉被较密的短粗毛。

花朵：头状花序。舌状花约20余个，舌片蓝紫色，管状花长稍有毛。

果实：瘦果倒卵状长圆形，紫褐色。

单株规格：株高40～50cm，冠幅20～30cm。

（2）最佳观赏期 花期7～9月，如图2-112所示。

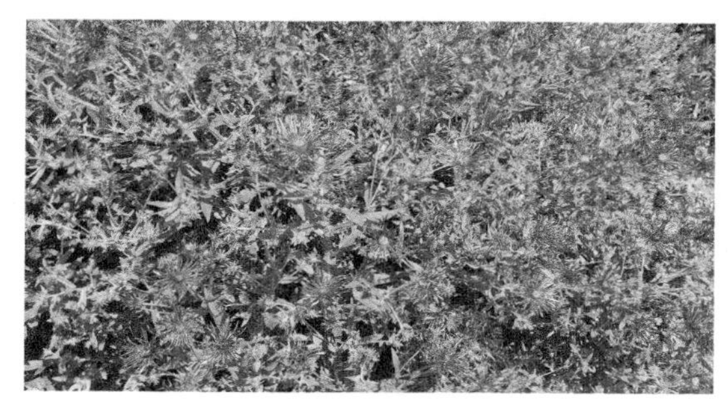

图2-112 紫菀

（3）同属其他常用种或品种 荷兰菊（别名：柳叶菊、寒菊、纽约紫菀）。

38. 宿根天人菊/别名：车轮菊、大天人菊/菊科 天人菊属

（1）观赏形态

株形：茎直立，不分枝或稍有分枝，全株被粗硬毛。

叶片：互生，全缘至波状羽裂。基生叶和下部茎叶长椭圆形或匙形，中部茎叶披针形、长椭圆形或匙形。

花朵：头状花序单生于茎顶，舌状花黄色，基部橘黄色，管状花红褐色至紫褐色，外部具腺点，裂片长三角形，顶端芒状渐尖，被节毛。

果实：瘦果，被毛。

单株规格：株高60～100cm，冠幅15～25cm。

（2）最佳观赏期 花果期7～8月，如图2-113所示。

39. 狭苞橐吾/别名：橐吾、大马蹄、山紫菀/菊科 橐吾属

（1）观赏形态

株形：茎直立，叶基部丛生状，植株上部被白色或黄褐色短柔毛，下部光滑。

叶片：基生叶和茎生叶均具长柄，光滑，叶卵状心形或宽心形，先端圆钝，边缘具细齿，基部心形。

花朵：总状花序密集。头状花多数，辐射状；舌状花6~10，黄色，先端钝；管状花多数，冠毛白色，与花冠等长。

果实：瘦果圆形，光滑。

单株规格：株高50~110cm，冠幅50~60cm。

（2）最佳观赏期　花期7~10月，如图2-114所示。

图2-113　宿根天人菊

图2-114　狭苞橐吾

40. 银叶菊/别名：雪叶菊/菊科 千里光属

（1）观赏形态

株形：茎直立，植株多分枝，全株被银白色柔毛。

叶片：一至二回羽状分裂，叶片缺裂，如雪花纹，正反面均被银白色长柔毛而得名。

花朵：头状花序单生枝顶，花小，黄色。

单株规格：株高50~80cm，冠幅30~40cm。

（2）最佳观赏期　花期6~9月，如图2-115所示。

41. 大花旋覆花/别名：毛旋覆/菊科 旋覆花属

（1）观赏形态

株形：茎直立，上部分枝，具白色柔毛。

叶片：下部叶长椭圆形，基部渐窄呈叶柄，全缘或具稀齿。中上部叶披针形，基部渐窄或有抱茎的小耳，无叶柄，叶背具密粗毛。

花朵：头状花排列呈顶生伞房状，总苞片4~5层，舌状花线形，黄色，管状花顶端5裂，黄色。

果实：瘦果线状长圆形，有沟棱和向上的硬毛。

单株规格：株高20~70cm，冠幅15~25cm。

（2）最佳观赏期　花期6~8月，如图2-116所示。

图2-115　银叶菊

图2-116　大花旋覆花

42. 赛菊芋/别名：日光菊/菊科 赛菊芋属

（1）观赏形态

株形：茎直立，多分枝。

叶片：对生，具柄，叶长卵圆形或卵状披针形，叶缘具粗齿。

花朵：头状花序放射状，聚生呈松散的伞房花序。舌状花宽线形，1 轮，黄色，雌性。管状花，两性，结实。

果实：瘦果无冠毛，边缘具齿。

单株规格：株高 60 ~ 150cm，冠幅 20 ~ 30cm。

（2）最佳观赏期 花期 6 ~ 9 月，如图 2-117 所示。

43. 芍药/别名：将离、殿春花、没骨花/芍药科 芍药属

（1）观赏形态

株形：地下具簇状肉质纺锤形根，茎直立，丛生，新生茎红色或具紫红色晕。

叶片：2 ~ 3 回羽状复叶，小叶通常 3 深裂呈椭圆形或披针形，全缘，绿色。

花朵：单生或数朵生于茎顶，有单瓣、重瓣，花色有红、粉、紫、黄、白等。

果实：蓇葖果纺锤形，种子呈圆形、长圆形或尖圆形。

单株规格：株高 60 ~ 150cm，冠幅 50 ~ 80cm。

（2）最佳观赏期 花期 4 ~ 6 月，如图 2-118 所示。

图 2-117 赛菊芋

图 2-118 芍药

44. 随意草/别名：假龙头、芝麻花/唇形科 随意草属

（1）观赏形态

株形：具匍匐根茎，地上茎直立、丛生，呈四棱形。

叶片：对生，长椭圆至披针形，叶缘具锯齿，亮绿色。

花朵：顶生穗状花序，小花密集，由下至上逐渐开放，花色有白、粉、红、紫红、玫红等。如将小花推向一边，不会复位，因此得名。

单株规格：株高 60 ~ 120cm，冠幅 20 ~ 30cm。

（2）最佳观赏期 花期 7 ~ 9 月，如图 2-119 所示。

45. 乌头/别名：草乌/毛茛科 乌头属

（1）观赏形态

株形：常数个小块根生于主块根四周，茎直立。

叶片：互生，基生叶具长柄，叶片五角形，掌状3全裂，基部心形，中央裂片羽状深裂。

花朵：顶生总状或圆锥状花序，萼片5，蓝紫色，上面1萼片呈头盔状，下面2萼片长圆形，侧面2萼片宽。花瓣2，小，有距。

果实：蓇葖果。

单株规格：株高60～150cm，冠幅20～35cm。

（2）最佳观赏期　花期9～10月，如图2-120所示。

图2-119　随意草

图2-120　乌头

46. 铁线莲/别名：铁线牡丹、金包银、威灵仙/毛茛科 铁线莲属

（1）观赏形态

株形：藤本。茎棕色或紫红色，具六条纵纹，节部膨大，被稀疏短柔毛。

叶片：对生，二回三出复叶，具叶柄。小叶狭卵形至披针形，顶端钝尖，基部圆形或阔楔形，全缘，极稀有分裂。

花朵：单生于叶腋，具花梗，近无毛，中下部生一对苞片，被黄色柔毛，无花瓣，萼片花瓣状，6枚，羽状花柱伸长并宿存。

果实：瘦果倒卵形，扁平。

单株规格：茎蔓长1～3m不等。

（2）最佳观赏期　花期6～9月，如图2-121所示。

图2-121　铁线莲

【课题评价】

本课题学习及考核建议：宿根花卉识别的学习和考核，贯穿于平时调查、整理、动手操作的过程中。最终课程结束后，每位同学建立和拥有属于自己的植物图片库、当地园林植物信息库，方便后期相关课程学习时进行查阅。具体植物种类及课题练习内容，任课教师可根据当地植物资源、常见应用种类及学生实际情况进行选择。

1. 调查整理本地区常见宿根花卉种类，并简单描述其主要识别特征（列表归纳，识别要点需要用自己的语言，简练概括进行描述）。

编号	名称	识别特征	花期
1			
2			
…			

2. 收集整理宿根花卉电子图片库。

以小组形式，制作 PPT 上交。PPT 制作要求：每一种花卉的图片至少应包括株形、花朵、应用形式，并标注照片收集来源、场所及时间。

3. 手绘常见宿根花卉，并用彩色铅笔上色。

课题3 球根花卉

球根花卉是指多年生草花中，地下根或地下茎变态，膨大成球状、块状或根状贮藏器官，并以地下球根的形式渡过严寒或酷暑的休眠期，至环境条件适宜后，再度生长并开花。根据球根的形态和变态部位不同，分为鳞茎类、球茎类、块茎类、块根类、根茎类；根据适宜栽植时间及开花期不同，分为秋植球根花卉（春季开花、夏季休眠）、春植球根花卉（夏秋季开花、冬季休眠）两种类型。

一、秋植球根花卉

1. 番红花/别名：西红花、藏红花/鸢尾科 番红花属

（1）观赏形态

茎：球茎，扁圆球形，直径约 3cm，外披黄褐色的膜质鳞片。

叶片：基生，9～15 枚，条形，灰绿色，边缘反卷。叶丛基部包有 4～5 片膜质的鞘状叶。

花朵：杯形顶生。花被片开展，花被裂片 6，2 轮排列，倒卵形，顶端钝。花淡蓝色，花药黄色，昼开夜合，具芳香。

果实：蒴果椭圆形。

单株规格：株高 10～20cm，冠幅 10cm。

（2）最佳观赏期 花莛叶后抽出，花期 10～11 月，如图 2-122 所示。

图 2-122 番红花

（3）同属其他常用种或品种 黄番红花（别名：番黄花）、春番红花（别名：番紫花）。

2. 大花葱/别名：吉安花、巨葱、高葱、硕葱/百合科 葱属

（1）观赏形态

茎：鳞茎，具白色膜质外皮。

叶片：基生叶宽带形，灰绿色，长达 60cm，开花时萎蔫。

花朵：圆球状伞形花序，直径 10～15cm，小花多达上千朵，淡紫色。

果实：蒴果，密集着生于花葶顶端球形果序中，圆形，黑色。

单株规格：株高 100cm，冠幅 30cm。

（2）最佳观赏期　花期 5 ~7 月，如图 2-123 所示。

3. 花贝母/别名：瓔珞百合、皇冠贝母/百合科 贝母属

（1）观赏形态

茎：鳞茎，被膜，直径约 15cm。

叶片：互生，卵状披针形至披针形，长 15cm，全缘。

花朵：株顶着花，数朵轮生于总花梗上端，下垂生于叶状苞片群下，花冠钟形，花被片 6，花鲜红、橙黄、黄色。

果实：蒴果，有 6 棱，棱上常有翅。室背开裂，具多数扁平的种子。

单株规格：株高 70cm，冠幅 30cm。

（2）最佳观赏期　花期 5 月，如图 2-124 所示。

图 2-123　大花葱

图 2-124　花贝母

4. 花毛茛/别名：芹菜花、波斯毛茛/毛茛科 花毛茛属

（1）观赏形态

茎：块根纺锤形，常数个聚生于根颈部。茎单生，稀分枝，中空，有毛。

叶片：基生叶具长柄，3 浅裂或 3 深裂。茎生叶近无柄，2 ~3 回羽状深裂。

花朵：单花或数朵顶生，花冠丰圆，花瓣平展，每轮 8 枚，错落叠层。花径 3 ~4cm，有重瓣、半重瓣，花色有白、黄、红、橙等色。

果实：聚合瘦果，长圆形。

单株规格：株高 30cm，冠幅 20cm。

（2）最佳观赏期　花期 4 ~5 月，如图 2-125 所示。

5. 风信子/别名：西洋水仙、五色水仙、时样锦/风信子科 风信子属

（1）观赏形态

茎：鳞茎球形或扁球形，外被皮膜呈蓝紫色或白色等，与花色成正相关。

叶片：基生，4 ~6 枚，带状披针形，端钝圆，质肥厚，有光泽。

花朵：顶端着生总状花序，花莛高 15 ~45cm，中空。小花 10 ~20 朵密生上部，单瓣或重瓣，有白、粉、黄、红、蓝及淡紫等色，具香味。

果实：蒴果，黄褐色。

单株规格：株高 15 ~45cm，冠幅 15cm。

（2）最佳观赏期　花期3～4月，如图2-126所示。

图2-125　花毛茛

图2-126　风信子

6. 葡萄风信子/别名：蓝瓶花、蓝壶花、串铃花、葡萄百合/百合科 蓝壶花属

（1）观赏形态

茎：鳞茎，外被白色皮膜。

叶片：基生，线形，稍肉质，暗绿色，边缘常内卷，长约20cm。

花朵：花莛自叶丛中抽出，圆筒形，长约15cm，上面密生多数串铃状小花，有青紫、淡蓝、白色等。

单株规格：株高15～30cm。

（2）最佳观赏期　花期3～5月，如图2-127所示。

7. 雪片莲/别名：猫脸花、蝴蝶花、鬼脸花/石蒜科 雪片莲属

（1）观赏形态

茎：鳞茎。

叶片：丛生，线状条形，长约20cm。

花朵：花莛短而中空，扁圆形，伞形花序，小花2～8朵，宽钟形，下垂。花瓣6，白色，先端具黄绿斑点。

果实：蒴果近球形，直径约2cm。

单株规格：株高20～30cm，冠幅20cm。

（2）最佳观赏期　花期3～4月，如图2-128所示。

图2-127　葡萄风信子

图2-128　雪片莲

(3) 同属其他常用种或品种　雪滴花。

8. 郁金香/别名：洋荷花、草麝香、郁香、荷兰花/百合科 郁金香属

(1) 观赏形态

茎：鳞茎，扁圆锥形，直径约2cm，具棕褐色皮膜。

叶片：3~5枚，基生者2~3枚，茎生者1~2枚，带状披针形至卵状披针形，常有毛。

花朵：单朵顶生，大型，直立杯状。花被片6枚，离生，有白、黄、粉、紫、红等各种花色，以及复色、条纹、重瓣等品种。

果实：蒴果，橄榄形，裂开后具多数种子。

单株规格：株高10~50cm，冠幅10~20cm。

(2) 最佳观赏期　花期4~5月，如图2-129所示。

9. 洋水仙/别名：黄水仙、喇叭水仙/石蒜科 水仙属

(1) 观赏形态

茎：鳞茎卵圆形，外皮干膜状，黄褐色或褐色。

叶片：4~6枚丛生，扁平带形，光滑，灰绿色，具白粉。

花朵：花葶顶端生花1朵，花径可达10cm。外轮花瓣6枚，黄色、淡黄色或白色，中间的副花冠黄色或橙色，喇叭状，边缘有皱褶，也有重瓣品种。

单株规格：株高30~50cm，冠幅10~20cm。

(2) 最佳观赏期　花期3~4月，如图2-130所示。

(3) 同属其他常用种或品种　中国水仙。

图2-129　郁金香

图2-130　洋水仙

10. 朱顶红/别名：朱顶兰、孤挺花、华胄、百枝莲/石蒜科 朱顶红属

(1) 观赏形态

茎：鳞茎，近球形，外皮淡绿色或黄褐色。

叶片：两侧对生，6~8枚，带状，先端渐尖。花后抽生。

花朵：顶端着花2~6朵，喇叭形，总花梗中空，被白粉。花色艳丽，有红、白、蓝紫、绿、粉中带白、红中带黄等色。有单瓣、重瓣品种。

果实：蒴果，每个蒴果约有50~80粒种子。

单株规格：株高30~60cm，冠幅20~30cm。

（2）最佳观赏期　花期4～6月，如图2-131所示。

二、春植球根花卉

1. 百子莲/别名：紫君子兰、蓝花君子兰/百合科 百子莲属

（1）观赏形态

茎：根状茎。

叶片：生于短根状茎上，左右排列，线状披针形或带形，叶色浓绿。

花朵：伞形花序顶生，小花20～50朵。花葶粗壮而直立，高出叶丛。花瓣6片联合呈漏斗状，深蓝色或白色。

果实：蒴果，种子小，每克约120粒。

单株规格：株高50～70cm，冠幅30～40cm。

（2）最佳观赏期　花期6～8月，如图2-132所示。

图2-131　朱顶红

图2-132　百子莲

2. 白芨/别名：连及草、甘根、良姜、紫兰/兰科 白芨属

（1）观赏形态

茎：假鳞茎，扁球形，黄白色。

叶片：4～6枚，披针形或狭长卵形，先端渐尖，基部成鞘状并抱茎，叶脉明显。

花朵：总状花序，具3～10朵花，每朵花由3枚萼片、2枚花瓣和1枚特化的唇瓣组成，花紫色或淡红色，直径约5cm。

果实：蒴果，圆柱形。

单株规格：株高30～60cm，冠幅40cm。

（2）最佳观赏期　花期4～5月，如图2-133所示。

图2-133　白芨

3. 仙客来/别名：兔子花、萝卜海棠/报春花科 仙客来属

（1）观赏形态

茎：块茎，扁球形，具木栓质的表皮，棕褐色。

叶片：着生在块茎顶端的中心部。肉质，心脏形，表面深绿色，多数有灰白色或淡绿色斑块，背面

紫红色，边缘有大小不等的锯齿。

花朵：单生，花莛高15~20cm。花瓣蕾期先端下垂，开花时上翻，形似兔耳，花色有紫红、玫红、绯红、淡红、雪青及白色等。

单株规格：株高20~40cm，冠幅35cm。

（2）最佳观赏期　盛花期2~3月，如图2-134所示。

4. 百合/别名：中庭、摩罗、百合蒜、夜合花/百合科 百合属

（1）观赏形态

茎：地下具鳞茎，球形，白色或淡黄色，外有膜质层。地上茎直立，不分枝，草绿色，茎秆基部带红色或紫褐色斑点。

叶片：散生，无柄，光亮，披针形，先端渐尖，叶脉明显。通常叶腋间生有珠芽，珠芽球形，老时变为黑色。

花朵：单生、簇生或呈总状花序。花被片6枚，分2轮，离生，常形成钟形、喇叭形，开放时反卷。花色有白、黄、粉、红等。花丝细长，花药椭圆，较大。

果实：蒴果，长卵圆形，具钝棱。

单株规格：株高70~150cm，冠幅20~30cm。

（2）最佳观赏期　花期6~7月，如图2-135所示。

图2-134　仙客来

图2-135　百合

5. 唐菖蒲/别名：十样锦、荸荠莲、苍兰、十三太保/鸢尾科 唐菖蒲属

（1）观赏形态

茎：地下球茎，扁圆形。地上茎粗壮直立，无分枝或少有分枝。

叶片：基生或在花茎基部互生，7~8片嵌叠状排成2列。叶片剑形，基部鞘状，顶端渐尖，灰绿色，有数条纵脉及1条明显而突出的中脉。

花朵：直立的穗状花序。花茎从叶丛中抽出，花冠筒呈漏斗形、喇叭形、钟形等，花色有红、黄、白、紫、蓝等深浅不同或具复色品种。

果实：蒴果，椭圆形或倒卵形，成熟时室背开裂。

单株规格：株高 90 ~ 150cm，冠幅 30 ~ 40cm。

(2) 最佳观赏期　花期 7 ~ 9 月，如图 2-136 所示。

6. 大丽花/别名：大丽菊、大理花、天竺/菊科 大丽花属

(1) 观赏形态

茎：地下具肥大纺锤状肉质块根，地上茎中空。

叶片：对生，1 ~ 3 回羽状分裂，小叶卵形，正面深绿色，背面灰绿色，具粗钝锯齿，总柄微带翅状。

花朵：头状花序，具长梗，顶生或腋生。中央为黄色的管状小花，外围是长而卷曲的舌状花，花色艳丽，有红、黄、粉红、紫、白、洒金等色。

果实：瘦果，长圆形，黑色，扁平。

单株规格：株高 150 ~ 200cm，冠幅 30 ~ 50cm。

(2) 最佳观赏期　花期 7 ~ 11 月，如图 2-137 所示。

(3) 同属其他常用种或品种　小丽花（别名：小丽菊、小理花）。

图 2-136　唐菖蒲

图 2-137　大丽花

7. 美人蕉/别名：红蕉、苞米花、宽心姜/美人蕉科 美人蕉属

(1) 观赏形态

茎：地下根状茎肉质，地上茎丛生状，直立，肉质，不分枝。

叶片：宽大，广椭圆形，互生，全缘，有明显的中脉和羽状的平行脉，叶柄呈鞘状抱茎。

花朵：总状花序，自茎顶抽出，小花十余朵。花萼 3 枚，苞片状，分离。花瓣 3 枚，萼状，基部合生。退化雄蕊花瓣状，4 ~ 5 枚，基部连合。花色有大红、鲜黄、粉红、橙黄、复色、斑点等。

果实：蒴果，长卵形，有软刺，绿色。

单株规格：株高 80 ~ 150cm，冠幅 60 ~ 100cm。

(2) 最佳观赏期　花期 6 ~ 10 月，如图 2-138 所示。

(3) 同属其他常用种或品种　紫叶美人蕉、花叶美人蕉（别名：金脉美人蕉）。

8. 石蒜/别名：红花石蒜、彼岸花、蟑螂花、老鸦蒜/石蒜科 石蒜属

(1) 观赏形态

茎：鳞茎，近球形。

叶片：自基部抽出，5 ~ 6 片，狭带状，顶端钝，深绿色，中间有粉绿色带。叶冬季抽出，夏季枯萎。

花朵：伞形花序，有花 4 ~ 7 朵，鲜红色。总苞片 2 枚，披针形，花被裂片狭倒披针形，皱缩和反卷，雄蕊显著伸出于花被外，比花被长 1 倍左右。

果实：蒴果，球形，常具三棱，种子为黑色。

单株规格：株高 30 ~50cm，冠幅 30 ~35cm。

（2）最佳观赏期　花期 8 ~9 月，如图 2-139 所示。

（3）同属其他常用种或品种　忽地笑（别名：黄花石蒜）。

图 2-138　美人蕉

图 2-139　红花石蒜

9. 马蹄莲/别名：慈姑花、水芋/天南星科 马蹄莲属

（1）观赏形态

茎：地下具肉质块茎。

叶片：基生，具粗壮长柄，叶柄上部具棱，下部呈鞘状抱茎，叶片箭形，全缘，绿色有光泽。

花朵：花梗粗壮，高出叶丛。肉穗花序圆柱状，黄色，藏于佛焰苞内，花序上部为雄花，下部为雌花。佛焰苞白色，形大，似马蹄状。

果实：浆果，短卵圆形，淡黄色，有宿存花柱。

单株规格：株高 50 ~90 cm，冠幅 30 ~50cm。

（2）最佳观赏期　花期 3 ~5 月，如图 2-140 所示。

（3）同属其他常用种或品种　红花马蹄莲、黄花马蹄莲。

图 2-140　马蹄莲

【课题评价】

本课题学习及考核建议：球根花卉识别的学习和考核，贯穿于平时调查、整理、动手操作的过程中。最终课程结束后，每位同学建立和拥有属于自己的植物图片库、当地园林植物信息库，方便后期相关课程学习时进行查阅。具体植物种类及课题练习内容，任课教师可根据当地植物资源、常见应用种类及学生实际情况进行选择。

1. 调查整理本地区常见球根花卉种类，并简单描述其识别特征（列表归纳，识别要点需要用自己的语言，简练概括进行描述）。

编　号	名　称	识别特征	花　期
1			
2			
…			

2. 收集整理球根花卉电子图片库。

以小组形式，制作 PPT 上交。PPT 制作要求：每一种花卉的图片至少应包括株形、花朵、应用形式，并标注照片收集来源、场所及时间。

3. 手绘常见球根花卉，并用彩色铅笔上色。

课题4 水生花卉

水生花卉是指生长在水中、沼泽地、湿地的观赏植物，包括一年生花卉、宿根花卉、球根花卉，根据水生花卉对水分要求的不同，分为四类：

（1）挺水花卉　根系生长在泥土中，茎叶挺出水面，花开时离开水面。对水深要求因种类不同而异，范围从沼泽地到 1 ~ 2m 水深，常见花卉有荷花、黄菖蒲、慈姑、千屈菜、香蒲、水葱、菖蒲、旱伞草等。

（2）浮水花卉　根系生长在泥土中，叶片漂浮水面或略高出水面，花开时近水面。对水深要求因种类不同而异，可深达 2 ~ 3m，常见花卉有睡莲、萍蓬草、王莲、芡实等。

（3）漂浮花卉　根系生长于水中，植物体漂浮在水面上，可随水漂移。常见花卉有凤眼莲、槐叶萍、水鳖、大薸、荇菜、水罂粟等。

（4）沉水花卉　根系生长在泥土中，茎叶沉于水中。常见花卉有金鱼藻、狐尾藻等。

一、挺水花卉

1. 荷花/别名：莲花、水芙蓉、泽芝、芙蕖、藕花/睡莲科 莲属

（1）观赏形态

茎：根状茎横生，肥厚，节间膨大，内有多数纵行通气孔道，节部缢缩，上生黑色鳞叶，下生须状不定根。地下茎节上生根并抽出叶片。

叶片：圆形盾状，全缘，具 14 ~ 21 条辐射状叶脉。表面深绿色，被蜡质白粉，叶背灰绿，光洁无毛，脉隆起，中央有圆柱状叶柄挺举荷叶出水。叶柄粗壮，圆柱形，中空，密生倒刺，叶柄与地下茎相连处呈白色，水中及水上部分则为绿色。

花朵：单生于花梗顶端、高托水面之上，芳香，有单瓣、复瓣、重瓣及重台等花型。花色有白、粉、深红、淡紫色、黄色或间色等变化。

果实：具倒圆锥状海绵质花托，花托表面具多数散生蜂窝状孔洞，每一孔洞内生一枚坚果（莲子），椭圆形或卵形，果皮革质，坚硬，熟时黑褐色。种子为白色。

单株规格：株高 50 ~ 100cm。

（2）最佳观赏期　花期 6 ~ 9 月，晨开暮闭，如图 2-141 所示。

2. 黄菖蒲/别名：黄花鸢尾、水生鸢尾/鸢尾科 鸢尾属

（1）观赏形态

茎：根状茎粗壮，斜伸，节明显，黄褐色。

叶片：基生叶，二列叠着生，宽剑形，基部鞘状，顶端渐尖，中脉明显，叶色灰绿，略被白粉。

花朵：花茎粗壮，稍高出于叶，3 ~ 5 朵花排列成稀疏的总状花序。花黄色，外花被裂片长椭圆形，下垂，有褐色的条纹，内花被裂片较小，直立。

果实：蒴果，长形，内有种子多数，种子褐色，有棱角。

单株规格：株高 60 ~ 100cm。

（2）最佳观赏期　花期5～6月，如图2-142所示。

（3）同属其他常用种或品种　玉蝉花（别名：花菖蒲、紫花鸢尾）、溪荪。

图2-141　荷花

图2-142　黄菖蒲

3. 慈姑/别名：剪刀草、燕尾草/泽泻科 慈姑属

（1）观赏形态

茎：球茎，黄白色或青白色。

叶片：叶形变化极大，多数为狭箭形，通常叶侧裂片明显长于顶裂片，顶裂片与侧裂片之间缢缩，叶柄粗壮。

花朵：圆锥花序高大，长20～60cm，雌花3～4轮，位于侧枝上，雄花多轮，生于上部。花白色，花药黄色。

果实：果托扁球形，种子褐色，具小凸起。

单株规格：株高50～100cm。

（2）最佳观赏期　花期11月至翌年6月，如图2-143所示。

图2-143　慈姑

4. 千屈菜/别名：水枝柳、水柳、对叶莲/千屈菜科 千屈菜属

（1）观赏形态

茎：直立，四棱，多分枝，全株青绿色，被灰白色绒毛。

叶片：对生或3叶轮生，狭披针形，先端稍钝，基部圆形或心形，有时稍抱茎，全缘。

花朵：小花密集生成穗状花序，花色为紫、深紫或淡红色。

果实：蒴果，扁圆形。

单株规格：株高30～100cm。

（2）最佳观赏期　花期7～9月，如图2-144所示。

5. 香蒲/别名：水蜡烛、猫尾草、蒲菜/香蒲科 香蒲属

（1）观赏形态

茎：根状茎乳白色，地上茎粗壮，向上渐细，高1.3～2m。

叶片：条形，长40～70cm，宽0.4～0.9cm，光滑无毛，上部扁平，下部腹面微凹，背面逐渐隆起呈凸形，横切面呈半圆形，叶鞘抱茎。

花朵：雌雄花序紧密连接，花序轴具白色弯曲柔毛，自基部向上具1～3枚叶状苞片。雌花序基部具1枚叶状苞片。

果实：小坚果，椭圆形至长椭圆形，果皮具长形褐色斑点。种子褐色，微弯。

单株规格：株高1.3～2.0m。

（2）最佳观赏期　花果期5～8月，如图2-145所示。

（3）同属其他常用种或品种　小香蒲。

图2-144　千屈菜

图2-145　香蒲

6. 水葱/别名：苻蓠、莞蒲、葱蒲、水丈葱、冲天草/莎草科 篦草属

（1）观赏形态

茎：高大通直，呈圆柱状，中空。

叶片：线形，苞片1枚，为秆的延长，直立，钻状，常短于花序。

花朵：小穗单生或2～3个簇生于辐射枝顶端，卵形或长圆形，具多数花，棕色或紫褐色。

果实：小坚果倒卵形或椭圆形，双凸状，少有三棱形。

单株规格：株高1～2m。

（2）最佳观赏期　花果期6～9月，如图2-146所示。

图2-146　水葱

（3）同属其他常用种或品种　藨草。

7. 菖蒲/别名：泥菖蒲、野菖蒲、臭蒲/天南星科 菖蒲属

（1）观赏形态

茎：根状茎粗壮，在地下横向生长，外皮黄褐色，具芳香。

叶片：基生，剑状线形，长90～100cm，中部宽1～2cm，中部以上渐狭，草质，绿色，光亮，中肋在两面均明显隆起，侧脉3～5对，平行，伸延至叶尖。

花朵：黄绿色花序，三棱形，叶状佛焰苞剑状线形，肉穗花序斜向上或近直立，狭锥状圆柱形。

果实：浆果，长圆形，红色。

单株规格：株高80～120cm。

（2）最佳观赏期　花果期6～9月，如图2-147所示。

（3）同属其他常用种或品种　石菖蒲。

8. 旱伞草/别名：水棕竹、伞草、风车草/莎草科 莎草属

（1）观赏形态

茎：茎秆粗壮，直立生长，近圆柱形，丛生。

叶片：退化为鞘状，包裹在茎秆基部。叶状苞片约20枚，螺旋状排列于茎顶，四面辐射开展，扩散呈伞状。

花朵：聚伞花序着生在茎顶端，穗状，有多数辐射枝，具6朵至多朵小花，白色。

果实：小坚果，椭圆形近三棱形。

单株规格：株高40～160cm，冠幅60～100cm。

（2）最佳观赏期　常绿挺水草本，四季观赏，花果期6～10月，如图2-148所示。

图2-147　菖蒲

图2-148　旱伞草

二、浮水花卉

1. 睡莲/别名：子午莲、水芹花/睡莲科 睡莲属

（1）观赏形态

茎：根状茎肥厚，直立或匍匐。

叶片：具细长叶柄，浮于水面，近革质，圆形或卵状椭圆形，全缘，无毛，上面浓绿，幼叶有褐色斑纹，下面暗紫色。

花朵：单生于花梗顶端，漂浮水面，夜间花梗弯入水中。花蕾呈桃形，花萼片4枚，呈绿色或紫红色，宽披针形或窄卵形。花瓣8～15片，有卵形、宽卵形、宽披针形等，瓣端稍尖，花色丰富。

果实：聚合果，球形，内含多数椭圆形黑色小坚果。

（2）最佳观赏期　花期6～8月，如图2-149所示。

2. 萍蓬草/别名：黄金莲、萍蓬莲/睡莲科 萍蓬草属

（1）观赏形态

茎：根状茎，直径约2～3 cm。

叶片：纸质，宽卵形或卵圆形，先端圆钝，基部具V形缺口，全缘。叶面绿而光亮，叶背隆凸，有柔毛，侧脉羽状。

花朵：单生，挺出水面，花蕾球形，绿色。花萼片5枚，倒卵形或楔形，黄色，花瓣状。花瓣10～20枚，狭楔形，似不育雄蕊，中央的柱头似盘状，淡黄色或带红色。

果实：浆果，卵形。种子矩圆形，褐色。

（2）最佳观赏期　花期5～7月，如图2-150所示。

图2-149　睡莲

图2-150　萍蓬草

3. 王莲/别名：亚马孙王莲/睡莲科 王莲属

（1）观赏形态

茎：具直立的根状短茎和发达的不定须根，白色。

叶片：初生叶呈针状，成熟叶片为圆形，像圆盘浮在水面，直径可达2m以上，叶面光滑，绿色略带微红，有皱褶，背面紫红色，叶柄绿色，叶子背面和叶柄有许多坚硬的刺，叶脉为放射网状。

花朵：单生，直径25～40cm，有4片绿褐色的萼片，呈卵状三角形，外面全部长有刺。花瓣数目很多，呈倒卵形。

果实：浆果，球形，内含300～500粒种子，黑色，种子大小如莲子。

（2）最佳观赏期　花期5～11月，如图2-151所示。

图2-151　王莲

4. 芡实/别名：鸡头米、鸡头苞、鸡头莲、刺莲藕/睡莲科 芡属

（1）观赏形态

茎：根状茎短缩，须根粗壮，白色。

叶片：初生叶为沉水叶，椭圆肾形或箭形，叶柄及叶面皆无刺。次生叶为浮水叶，呈圆形或椭圆形、盾状，全缘或有弯缺，革质，叶背呈紫色、有短毛。叶脉分支处有尖刺，叶柄可长达25cm，粗壮、有密刺。

花朵：花萼片披针形，内面紫色，外面密生稍弯硬刺。花瓣卵圆披针形或披针形，紫红色，成数轮排列，向内渐变成雄蕊，无花柱，柱头红色，成凹入的柱头盘。

果实：浆果，球形，紫红色，外面密生硬刺。种子球形，黑色。

（2）最佳观赏期　花期7～8月，如图2-152所示。

图2-152　芡实

三、漂浮花卉

1. 凤眼莲/别名：凤眼蓝、水葫芦/雨久花科 凤眼蓝属

（1）观赏形态

茎：极短，具长匍匐枝，匍匐枝淡绿色或带紫色。

叶片：基部丛生，5～10片莲座状排列。叶片圆形，宽卵形或宽菱形，顶端钝圆或微尖，全缘，具弧形脉，表面深绿色，光亮，质地厚实，两边微向上卷，顶部略向下翻卷。

花朵：穗状花序，有9～12朵小花。花被裂片6枚，上方1枚裂片较大，三色，即四周淡紫红色，中间蓝色，在蓝色的中央有1黄色圆斑，其余各片蓝紫色。

果实：果期8～11月，蒴果，卵形。

（2）最佳观赏期　花期7～10月，如图2-153所示。

2. 槐叶萍/别名：槐叶苹、蜈蚣萍、山椒藻/槐叶萍科 槐叶萍属

（1）观赏形态

茎：细长，横走，无根，密被褐色节状短毛。

叶片：三片轮生，两片漂浮水面，一片细裂如丝，在水中形成假根，密生有节的粗毛，水面叶在茎两侧紧密排列，形如槐叶。

花朵：无。

果实：孢子果4～8个簇生于水下叶的基部，表面疏生成束的短毛。大孢子果表面淡棕色，小孢子果表面淡黄色。

（2）最佳观赏期　生长期观赏叶片，如图2-154所示。

图2-153　凤眼莲

图2-154　槐叶萍

3. 水鳖/别名：马尿花、芣菜/水鳖科 水鳖属

（1）观赏形态

茎：匍匐茎发达，顶端生芽，并可产生越冬芽。

叶片：簇生，多漂浮，有时伸出水面。叶片心形或圆形，先端圆，基部心形，全缘，中脉明显，与第一对侧生主脉所成夹角呈锐角。

花朵：雄花序腋生，佛焰苞2枚，膜质，透明，具红紫色条纹，苞内雄花5～6朵，每次仅1朵开放，花瓣3，黄色，与萼片互生，广倒卵形或圆形。雌佛焰苞小，苞内雌花1朵，萼片和花瓣3，白色，基部黄色，广倒卵形至圆形。

果实：浆果状，球形至倒卵形，具数条沟纹。

（2）最佳观赏期　花果期8~10月，如图2-155所示。

4. 大薸/别名：芙蓉莲、大萍、水莲/天南星科 大薸属

（1）观赏形态

茎：节间极短，具白色的纤维状根。

叶片：簇生成莲座状。叶片因发育的不同阶段而不同，通常倒卵状楔形，先端浑圆或截形，两面均被绒毛。叶鞘托叶状，干膜质。

花朵：佛焰苞小，腋生，白色，外被绒毛，下部管状，上部张开。肉穗花序背面2/3与佛焰苞合生，雄花2~8朵生于上部，雌花单生于下部。

（2）最佳观赏期　花果期8~10月，如图2-156所示。

图2-155　水鳖

图2-156　大薸

5. 荇菜/别名：接余、凫葵、水镜草、余莲儿/龙胆科 荇菜属

（1）观赏形态

茎：细长柔软而多分枝，匍匐生长，节上生根，漂浮于水面或生于泥土中。

叶片：卵形，上表面绿色，边缘具紫黑色斑块，下表面紫色，基部深裂成心形。

花朵：花冠黄色，五裂，裂片边缘成须状，花冠裂片中间有一明显的皱痕，裂片口两侧有毛，裂片基部各有一丛毛，具有5枚腺体。

果实：蒴果，椭圆形，不开裂。种子多数，圆形，扁平。

（2）最佳观赏期　花果期4~10月，如图2-157所示。

6. 水罂粟/别名：水金英、黄金英/花蔺科 水罂粟属

（1）观赏形态

茎：圆柱形，呈海绵质感。

叶片：簇生于茎上，叶片呈卵形至近圆形，具长柄，顶端圆钝，基部心形，全缘。叶面油亮，犹如镜面般光滑，叶背有气囊。叶柄圆柱形，具有横隔。

花朵：单生，具长柄，花冠杯形，具3片花瓣，似罂粟花，亮黄色。

果实：蒴果，披针形。种子细小，多数，马蹄形。

（2）最佳观赏期　花期6~9月，如图2-158所示。

图 2-157　荇菜

图 2-158　水罂粟

四、沉水花卉

1. 金鱼藻/别名：细草、鱼草、软草、松藻/金鱼藻科 金鱼藻属

（1）观赏形态

茎：长 40～150cm，平滑，具分枝。

叶片：4～12 轮生，1～2 次二叉状分歧，裂片丝状，或丝状条形，先端带白色软骨质，边缘仅一侧有数细齿。

花朵：花苞片 9～12，条形，浅绿色，透明，先端有 3 齿，带紫色毛。

果实：坚果，宽椭圆形，黑色，平滑，边缘无翅，有 3 刺，顶生刺先端具钩，基部 2 刺向下斜伸，先端渐细成刺状。

（2）最佳观赏期　四季观赏叶片，花期 6～7 月，如图 2-159 所示。

图 2-159　金鱼藻

2. 狐尾藻/别名：轮叶狐尾藻、布拉狐尾、凤凰草/小仙二科 狐尾藻属

（1）观赏形态

茎：圆柱形，长 20～40cm，多分枝。

叶片：通常 4 片轮生，或 3～5 片轮生，水中叶较长，丝状全裂，无叶柄，裂片 8～13 对，互生。水上叶互生，披针形，较强壮，鲜绿色，裂片较宽。

花朵：单性，雌雄同株或杂性，单生于水上叶腋内，每轮有 4 朵花，花无柄，比叶片短。

果实：广卵形，具 4 条浅槽，顶端具残存的萼片及花柱。

（2）最佳观赏期　四季观赏叶片，花期 8～9 月，如图 2-160 所示。

图 2-160　狐尾藻

【课题评价】

本课题学习及考核建议：水生花卉识别的学习和考核，贯穿于平时调查、整理、动手操作的过程

中。最终课程结束后，每位同学建立和拥有属于自己的植物图片库、当地园林植物信息库，方便后期相关课程学习时进行查阅。具体植物种类及课题练习内容，任课教师可根据当地植物资源、常见应用种类及学生实际情况进行选择。

1. 调查整理本地区常见水生花卉种类，并简单描述其主要识别特征（列表归纳，识别要点需要用自己的语言，简练概括进行描述）。

编　号	名　称	识别特征	花　期
1			
2			
…			

2. 收集整理水生花卉电子图片库。

以小组形式，制作PPT上交。PPT制作要求：每一种花卉的图片至少应包括茎、花朵、应用形式，并标注照片收集来源、场所及时间。

3. 手绘常见水生花卉，并用彩色铅笔上色。

课题5 其他花卉

其他花卉又称为专类花卉，以兰科植物、仙人掌及多肉植物、蕨类植物、食虫植物较为常见，且每一类花卉包含的植物种类较多、应用广泛、品种及花色丰富，是最重要的商品花卉、家庭园艺植物种类。

一、兰科植物

兰科植物是单子叶植物的第一大科，有悠久的栽培历史，植物种类丰富，按生态习性主要分为地生兰、气生兰、附（腐）生兰三大类。其中分布在热带和亚热带地区的气生兰或附生兰，花大、花多、色彩丰富、艳丽，园艺上称为“洋兰”；分布或生长在温带或亚热带的边远地区，多为地生兰，花多不显眼，具清香，大部分品种原产中国，园艺上称为“国兰”或“中国兰”。

（一）中国兰

有上千园艺品种，主要包括春兰、莲瓣兰、蕙兰、建兰、寒兰、墨兰六大类。

1. 春兰/别名：朵朵香、双飞燕、草兰、草素、山花/兰科 兰属

（1）观赏形态

株高：高20～40cm。

假鳞茎：卵球形，包藏于叶基之内。

叶片：4～7枚丛生，刚韧，带状狭长而尖，下部常多少对折而呈V形，边缘无齿或具细齿。

花朵：花莛从假鳞茎基部外侧叶腋中抽出，直立，明显短于叶。花序具单朵花，极罕2朵。花苞片长而宽，萼片近长圆形，花瓣长圆状卵形，与萼片近等宽，花色通常为绿色或淡褐黄色而有紫褐色脉纹，有香气。

果实：蒴果，狭椭圆形。

图2-161　春兰

（2）最佳观赏期　花期1～3月，如图2-161所示。

（3）其他常见变种　线叶春兰（别名：豆瓣兰）、营草兰、春剑（别名：正宗川兰）。

2. 莲瓣兰/别名：小雪兰、年拜花/兰科 兰属

（1）观赏形态

株高：高 20 ~ 30cm。

假鳞茎：圆球形，错位分布。

叶片：6 ~ 7 片集生，线形，叶面绿色顺滑，质地细腻，富弹性，叶柄基部紧抱，株形紧凑，主脉两侧分别有一条明亮侧脉，侧脉边缘暗绿色。

花朵：一枝花莛着花 2 ~ 4 朵，花瓣呈椭条形，有多条清晰的纵纹（舌瓣除外），酷似盛开的莲藕花瓣而得名。花色多为麻白，幽香，长椭圆瓣形居多。

果实：蒴果，狭椭圆形。

（2）最佳观赏期　花期 12 月 ~ 次年 3 月，如图 2-162 所示。

3. 蕙兰/别名：九子兰、夏兰、九华兰、九节兰/兰科 兰属

（1）观赏形态

株高：高 20 ~ 50cm。

假鳞茎：不明显，集生成丛，呈椭圆形。

叶片：5 ~ 8 枚，带形，深绿色，直立、斜坡、弯垂状。基部常对折而呈 V 形，叶脉透亮，边缘常有明显粗锯齿。

花朵：花莛从叶丛基部最外面的叶腋抽出，近直立或稍外弯，被多枚长鞘。总状花序具 5 ~ 11 朵或更多的花，常为浅黄绿色，有香气。萼片近披针状长圆形或狭倒卵形，花瓣与萼片相似，常略短而宽，唇瓣长圆状卵形，3 裂，多起绒，其上红斑较多而乱。

果实：蒴果，近狭椭圆形。

（2）最佳观赏期　花期 3 ~ 5 月，如图 2-163 所示。

图 2-162　莲瓣兰

图 2-163　蕙兰

4. 建兰/别名：雄兰、秋蕙、秋兰/兰科 兰属

（1）观赏形态

株高：高 30 ~ 50cm。

假鳞茎：卵球形，包藏于叶基之内。

叶片：2~4（~6）枚，带形，有光泽，前部边缘有时有细齿，关节位于距基部2~4cm处。

花朵：花莛从假鳞茎基部发出，直立，一般短于叶。总状花序具3~9（~13）朵花，花常有香气，通常为浅黄绿色而具紫斑。萼片近狭长圆形，侧萼片向下斜展。花瓣狭椭圆形，近平展，唇瓣近卵形，略3裂。

果实：蒴果，狭椭圆形。

（2）最佳观赏期　花期6~10月，如图2-164所示。

5. 寒兰/兰科 兰属

（1）观赏形态

株高：高20~40cm。

假鳞茎：狭卵球形，包藏于叶基之内。

叶片：3~5（~7）枚，带形，薄革质，暗绿色，叶脉在叶背面较突出，半透明，前部边缘常有细齿，关节位于距基部4~5cm处。

花朵：花莛发自假鳞茎基部，直立，较细。总状花序疏生5~12朵花，花常为淡黄绿色而具淡黄色唇瓣，有浓香。萼片近线形，先端渐尖。花瓣常为狭卵形，唇瓣近卵形，呈不明显的3裂。

果实：蒴果，狭椭圆形。

（2）最佳观赏期　花期集中于秋冬季，因地区差异，开花自8~12月至次年春季，如图2-165所示。

图2-164　建兰

图2-165　寒兰

6. 墨兰/别名：报岁兰/ 兰科 兰属

（1）观赏形态

株高：高20~30cm。

假鳞茎：卵球形，包藏于叶基之内。

叶片：3~5枚，带形，近薄革质，暗绿色，叶脉浅绿色，不透明，有光泽，关节位于距基部3.5~7cm处。

花朵：花莛从假鳞茎基部发出，直立，较粗壮，一般略长于叶。总状花序具10~20朵或更多的花，花色常为暗紫色或紫褐色而具浅色唇瓣，也有黄绿色、桃红色或白色的，有浓香。萼片狭长圆形，花瓣近狭卵形，唇瓣近卵状长圆形，呈不明显3裂。

果实：蒴果，狭椭圆形。

（2）最佳观赏期　花期10月至次年3月，如图2-166所示。

图2-166　墨兰

(二) 洋兰

从观赏角度来看，商品流行的热带兰品种是一些花大色艳的类群，主要分为七个类群：卡特兰属（卡特兰）、蕙兰属（大花蕙兰）、蝴蝶兰属（蝴蝶兰）、石斛兰属（石斛兰）、兜兰属（兜兰）、万代兰属（万代兰）、文心兰属（文心兰）。

1. 卡特兰/别名：阿开木、加多利亚兰、卡特利亚兰/兰科 卡特兰属

（1）观赏形态

株高：高 25～35cm。

假鳞茎：又称假球茎、兰头。纺锤形、棍棒状或圆柱状，连接叶片和匍匐茎。

叶片：肥厚、革质而坚硬，中脉下凹，淡绿色。单叶型的假球茎顶部具 1 片叶，双叶型的假球茎顶部长出 2 片对生的叶片。

花朵：单朵或 5～10 朵着生于假鳞茎顶端，有特殊的香气。花色鲜艳，除黑色、蓝色外，几乎各色俱全。花由 6 瓣 1 蕊组成，分为 3 轮，最外面一轮是 3 瓣萼片，自基部分离，呈三角形状，2 侧萼片细小，颜色纯净；内轮是 3 片花瓣，2 片侧瓣宽大，1 片唇瓣自基部折起花管包合蕊柱，比侧瓣大，二者色彩和形状丰富。

果实：蒴果，橄榄形，果皮上有沟。

（2）最佳观赏期　一般秋季开花一次，或开花两次，或一年四季有不同品种开花，单花期 1 个月左右，如图 2-167 所示。

2. 大花蕙兰/别名：西姆比兰、蝉兰/兰科 蕙兰属

（1）观赏形态

株高：高 80～100cm。

假鳞茎：粗壮，合轴性。假鳞茎上通常有 12～14 节，每个节上均有隐芽。

叶片：2 列，长披针形，其长度、宽度因品种不同差异很大。叶色受光照强弱影响很大，可由黄绿色至深绿色。

花朵：花序较长，小花数一般大于 10 朵，品种之间有较大差异。花被片 6，外轮 3 枚为萼片，花瓣状，内轮为花瓣，下方的花瓣特化为唇瓣。花大型，花色有白、黄、绿、紫红或带有紫褐色斑纹。

果实：蒴果，其形状、大小等常因亲本或原生种不同而有较大的差异。

（2）最佳观赏期　10 月到次年的 4 月，一般为元旦和春节用花，如图 2-168 所示。

图 2-167　卡特兰

图 2-168　大花蕙兰

3. 蝴蝶兰/别名：蝶兰、台湾蝴蝶兰/兰科 蝴蝶兰属

（1）观赏形态

株高：高70～120cm。

假鳞茎：茎很短，常被叶鞘所包。

叶片：稍肉质，常3～4枚或更多，上面绿色，背面紫色，长圆形或镰刀状长圆形，先端锐尖或钝，基部楔形或有时歪斜，具短而宽的鞘。

花朵：花序侧生于茎的基部，不分枝或有时分枝，花白色，花期长。中萼片近椭圆形，先端钝，基部稍收狭，具网状脉，侧萼片歪卵形，先端钝，基部收狭并贴生在蕊柱足上，具网状脉。花瓣菱状圆形，先端圆形，基部收狭呈短爪，具网状脉，唇瓣3裂，基部具长约7～9mm的爪。花型奇特，如彩蝶飞舞。

果实：蒴果，种子十分细小。

（2）最佳观赏期　一般在春节前后，观赏期长达2～3个月，如图2-169所示。

图2-169　蝴蝶兰

4. 春石斛/别名：美花石斛、小黄草/兰科 石斛兰属

（1）观赏形态

株高：高50～120cm。

假鳞茎：丛生，直立或下垂，圆柱形或扁三棱形，不分枝或少数分枝，具少数或多数节，有时1至数个节间膨大成种种形状，肉质或质地较硬，具少数至多数叶。

叶片：互生，扁平，圆柱状或两侧压扁，先端不裂或2浅裂，基部有关节和通常具抱茎的鞘。

花朵：总状花序或有时伞形花序，直立，斜出或下垂，生于茎的中部以上节上，具少数至多数花，少有退化为单朵花的。花小至大，通常开展。萼片近相似，离生，侧萼片宽阔的基部着生在蕊柱足上，与唇瓣基部共同形成萼囊。花瓣比萼片狭或宽，唇瓣着生于蕊柱足末端，3裂或不裂，基部收狭为短爪或无爪，有时具距，唇瓣形状富于变化，基部有鸡冠状突起。

果实：蒴果，种子十分细小。

（2）最佳观赏期　花期3～6月，如图2-170所示。

5. 兜兰/别名：拖鞋兰/兰科 兜兰属

（1）观赏形态

株高：高20～40cm。

假鳞茎：无，茎极短。

叶片：基生，二列，5～6枚。带形或线状舌形，先端钝并偶见凹缺或裂口，上面深绿色，背面色稍浅并在近基部处有紫褐色斑点，基部收狭成叶柄状并对折而彼此套叠，无毛。

花朵：唇瓣变异成兜状，似拖鞋而得名。萼瓣的背萼片特别大，呈扁圆形或倒心脏形，侧萼片合成1枚，很小，着生在背萼片下方，唇瓣之后。

果实：蒴果，种子十分细小。

（2）最佳观赏期　品种多样，四季开花，花寿命长，有的可开放6周以上，如图2-171所示。

图 2-170　春石斛

图 2-171　兜兰

6. 万代兰/兰科 万代兰属

图 2-172　万代兰

（1）观赏形态

株高：高 30 ~ 50cm。

假鳞茎：无假鳞茎，植株直立向上。

叶片：互生于单茎的两边，犹如人体前胸的一副排骨，部分长茎品种可分枝或攀缘。叶片呈带状，肉多质硬，中脉凹下如沟，呈“V”字形。

花朵：花形壮硕，花姿奔放，花瓣有圆形、长形和三角形等。唇瓣与花柱愈合，侧片与中片各舒张。花色除有多种单色外，还有布满斑点或网纹的双色。

果实：蒴果，种子十分细小。

（2）最佳观赏期　一般春夏开花，花期较长，如图 2-172 所示。

7. 文心兰/别名：跳舞兰、舞女兰、金蝶兰/兰科 文心兰属

（1）观赏形态

株高：高 30 ~ 40cm。

假鳞茎：扁卵圆形，较肥大，部分种类无假鳞茎。

叶片：1 ~ 3 枚，根据叶片革质程度和厚薄不同，依次分为薄叶种、厚叶种和剑叶种，其中剑叶种植株较小。

花朵：一般一个假鳞茎上只有 1 个花茎，或生长粗壮的鳞茎有 2 个花茎。因品种差异，一个花茎有 1 ~ 2 朵或数百朵小花。花色鲜艳，形似飞翔的金蝶，又似翩翩起舞的舞女，故又名金蝶兰或舞女兰。

果实：蒴果，种子细小。

（2）最佳观赏期　一般春季开花，切花栽培可以四季观赏，如图 2-173 所示。

图 2-173　文心兰

二、仙人掌及多肉植物

（一）仙人掌类

1. 山影拳/别名：山影、仙人山/仙人掌科 天轮柱属

（1）观赏形态

株形：外形峥嵘突兀，形似山峦。

茎干：多分枝，茎暗绿色，有褐色刺。

花朵：大型喇叭状或漏斗形，白或粉红色，夜开昼闭。

果实：较大，红色或黄色。

（2）最佳观赏期 夏、秋季开花，全年观赏株形，如图2-174所示。

（3）同属其他常用种或品种 神代柱、秘鲁天轮柱。

2. 金琥/别名：黄刺金琥/仙人掌科 金琥属

（1）观赏形态

株形：高达1.3m，圆球状，直径80cm或更大。

茎干：深绿，单生或成丛，密生黄色硬刺，球顶部密生金黄色的绵毛。

花朵：生于球顶部绵毛丛中，钟形，黄色，花筒被尖鳞片。

果实：被鳞片及绵毛。

（2）最佳观赏期 花期6～10月，全年观赏株形，如图2-175所示。

图2-174 山影拳

图2-175 金琥

3. 仙人球/别名：草球、长盛球/仙人掌科 仙人球属

（1）观赏形态

株形：高达25cm，球状或椭圆状。

茎干：球体有纵棱若干条，棱上密生针刺，黄绿色，长短不一，作辐射状。

花朵：开花一般在清晨或傍晚，形状类似于长长的喇叭花，有白、红、黄、橙、绿等多种颜色。

果实：浆果，球形或卵形，无刺。

（2）最佳观赏期 花期5～6月，全年观赏株形，如图2-176所示。

图2-176 仙人球

4. 昙花/别名：月下美人、琼花/仙人掌科 昙花属

（1）观赏形态

株形：高2～6m，多分枝，株形疏散。

茎干：分枝多数，叶状侧扁，披针形至长圆状披针形，边缘波状或有深圆齿，基部急尖、短渐尖或渐狭成柄状，深绿色，无毛，中肋粗大。老茎圆柱状，木质化，老株分枝产生气生根。

花朵：夜间开放，开放时间甚短，2～3小时即会凋谢。单生于枝侧的小巢，漏斗状，有芳香。花托绿色，略有角，被三角形短鳞片。花萼筒状，红色，花瓣3，白色，倒卵状披针形至倒卵形，边缘全缘或啮蚀状。

果实：浆果，长球形，有纵棱脊，无毛，紫红色。

（2）最佳观赏期　5～11月开花，全年观赏茎干、株形，如图2-177所示。

5. 令箭荷花/别名：令箭、名红孔雀、荷花令箭/仙人掌科 令箭荷花属

（1）观赏形态

株形：高50cm，多分枝，株形疏散。

茎干：扁平披针形，形似令箭。基部圆形，鲜绿色，边缘略带红色，有粗锯齿，锯齿间凹入部位有细刺。

花朵：着生于茎的先端两侧，有红、黄、白、粉、紫等多种颜色。花被开张，反卷，花丝及花柱均弯曲，花形优美。

果实：浆果。

（2）最佳观赏期　花期4～5月，如图2-178所示。

图2-177　昙花

图2-178　令箭荷花

6. 仙人掌/别名：仙巴掌、观音掌、霸王、火掌/仙人掌科 仙人掌属

（1）观赏形态

株形：高1.5～3m，丛生状。

茎干：肥厚，草质或木质。小巢内生长棘刺或钩毛，花、枝和叶由此生出。

图2-179　仙人掌

花朵：辐状，直径5～6.5cm。花托倒卵形，顶端截形并凹陷，基部渐狭，绿色，疏生突出的小巢。萼状花被片宽倒卵形至狭倒卵形，先端急尖或圆形，有小尖头，黄色，有绿色中肋。瓣状花被片倒卵形或匙状倒卵形，先端圆形、截形或微凹，边缘全缘或浅啮蚀状。

果实：浆果，倒卵球形，顶端凹陷，基部多少狭缩成柄状，表面平滑无毛，紫红色，每侧有5～10个突起的小巢。

（2）最佳观赏期　花期6～10月不等，茎干全年观赏，如图2-179所示。

7. 仙人指/别名：圣烛节仙人掌/仙人掌科 仙人指属

（1）观赏形态

株形：多分枝，枝丛下垂。

茎干：扁平，肉质，多节枝，每节长圆形，叶状，每侧有1~2个钝齿，顶部平截。

花朵：单生枝顶，花冠整齐，花色有紫、红、白等。

果实：浆果，较少见。

（2）最佳观赏期　花期3~4月，温室盆栽花期可提前至前一年的12月，如图2-180所示。

8. 蟹爪兰/别名：圣诞仙人掌/仙人掌科 蟹爪兰属

（1）观赏形态

株形：灌木状，无叶。

茎干：无刺，多分枝，常悬垂，老茎木质化，稍圆柱形，幼茎及分枝均扁平。每一节间矩圆形至倒卵形，呈“蟹爪状”，鲜绿色，有时稍带紫色。

花朵：单生于枝顶，玫瑰红色，两侧对称。花萼一轮，基部短筒状，顶端分离。花冠数轮，下部长筒状，上部分离，越向内则筒越长。

果实：浆果，梨形，红色。

（2）最佳观赏期　花期从10月至翌年2月，室内栽培的蟹爪兰可通过控制光照来调节花期，如图2-181所示。

图2-180　仙人指

图2-181　蟹爪兰

9. 念珠掌/别名：猿恋苇、仙人棒/仙人掌科 丝苇属

（1）观赏形态

株形：高约30~40cm，主茎一般直立，分支横卧或悬垂。

茎干：茎干无叶也无刺，很细，茎节像一个接一个串起来的念珠。

花朵：花钟状，着生在茎枝顶端的刺座上，无花筒，黄色。

果实：陀螺形，白色，种子黑色。

（2）最佳观赏期　茎干全年观赏，春季顶生鲜黄色小花，如图2-182所示。

图2-182　念珠掌

10. 鸾凤玉/仙人掌科 星球属

（1）观赏形态

株形：高50～60cm，球形，直径10～20cm，老株变为细长筒状。

茎干：球体或柱状，有3～9条明显的棱，多数为5棱，呈对称五星状。棱上的刺座无刺，但有褐色绵毛，球体灰白色密被白色星状毛或小鳞片。大型球可增至6～8棱。

花朵：着生在球体顶部的刺座上，漏斗形，黄色或有红心。

（2）最佳观赏期　茎干全年观赏，花期1～3月不等，如图2-183所示。

（3）同属其他常见种或品种　白云鸾凤玉、螺旋鸾凤玉、三角鸾凤玉、四角鸾凤玉（别名：四方玉）、星球（别名：星兜）、白云星球（别名：白云兜）。

11. 绯牡丹/别名：红灯、红牡丹 /仙人掌科 裸萼球属

（1）观赏形态

株形：肉质扁球形。

茎干：鲜红、深红、橙红、粉红或紫红色，有8棱，有突出的横脊，成熟球体群生子球。

花朵：细长，着生在顶部的刺座上，漏斗形，粉红色。

果实：细长，纺锤形，红色，种子黑褐色。

（2）最佳观赏期　茎干全年观赏，花期春夏季，如图2-184所示。

图2-183　鸾凤玉

图2-184　绯牡丹

12. 松霞/别名：银松玉/仙人掌科 乳突球属

（1）观赏形态

株形：高4～6cm，球形，丛生。

茎干：茎球体，直径3～4cm，暗绿色。

花朵：小花漏斗状，直径1.2～1.4cm，黄白色。

果实：果实红色久留球顶不掉。

（2）最佳观赏期　茎干全年观赏，花果鲜艳，如图2-185所示。

图2-185　松霞

（二）多肉植物

1. 玉米石/别名：白花景天/景天科 景天属

（1）观赏形态

茎干：植株低矮丛生。

叶片：膨大为卵形或圆筒形，互生，长0.6～1.2cm，先端钝圆，亮绿色，有时带紫红，光滑，晶莹如翡翠、珍珠。

花朵：伞形花序下垂，花白色。

（2）最佳观赏期　茎叶全年观赏，花期6～8月，如图2-186所示。

2. 生石花/别名：石头花、石头草、象蹄、元宝、女仙/番杏科 生石花属

（1）观赏形态

茎干：小型多肉植物，茎很短，常常看不见。

叶片：变态叶肉质肥厚，两片对生联结而成为倒圆锥体。

花朵：3～4年生的生石花秋季从对生叶的中间缝隙中开出黄、白、红、粉、紫等色花朵，多在下午开放，傍晚闭合，次日午后又开，单朵花可开7～10天。开花时花朵几乎将整个植株都盖住，非常娇美。花谢后结出果实，可收获非常细小的种子。

（2）最佳观赏期　茎叶全年观赏，如图2-187所示。

图2-186　玉米石

图2-187　生石花

3. 翡翠珠/别名：一串珠、绿铃、一串铃、绿串株/菊科 千里光属

（1）观赏形态

茎干：常绿匍匐状肉质草本，茎纤细，全株被白色皮粉。

叶片：互生，较疏，圆心形，深绿色，肥厚多汁，极似珠子，故有佛串珠、绿葡萄、绿之铃之美称。

花朵：头状花序，顶生，呈弯钩形，花白色至浅褐色，有微尖的刺状突起，绿色，具有一条透明的纵纹。

（2）最佳观赏期　茎叶全年观赏，花期12月～翌年1月，如图2-188所示。

4. 卷曲舌叶花/别名：佛手掌/科番杏科 日中花属

（1）观赏形态

茎干：茎肉质，叉状分枝。

叶片：舌状或三角状线形，肥厚多肉，鲜绿色，交互对生，紧密排成2列，顶端有钝弯钩，基部合生。

花朵：顶生，有细长梗，橙黄色，外卷。花瓣和雄蕊均多数，花托膨大。

（2）最佳观赏期　茎叶全年观赏，花期5~6月，如图2-189所示。

图2-188　翡翠珠

图2-189　卷曲舌叶花

5. 其他常见多肉植物

其他常见多肉植物见表2-1。

表2-1　其他常见多肉植物

种　名	科　名	属　名	主要识别特征	最佳观赏期
松鼠尾（如图2-190所示）	景天科	景天属	叶互生，长圆状披针形，先端略尖，多汁，易脱落，叶色蓝绿，晶莹且有光泽，排列紧密呈串珠状。伞房花序顶生，小花10多朵，呈深紫色	茎叶全年观赏，夏季开花
神刀（如图2-191所示）	景天科	青锁龙属	植株肥厚多汁，叶似镰刀或螺旋桨，奇特有趣。伞房状聚伞花序，有红色花朵	茎叶全年观赏，夏季开花
鹿角海棠（如图2-192所示）	番杏科	鹿角海棠属	植株不高，分枝多，呈匍匐状。叶片肉质有三棱。花有白、红和浅紫等颜色	茎叶全年观赏，冬季开花
虎刺梅（如图2-193所示）	大戟科	大戟属	蔓生，茎多分枝，有纵棱，密生硬而尖的锥状刺，常3~5列排于棱脊上，呈旋转。叶互生，常集中于嫩枝上，倒卵形或长圆状匙形，全缘。花有红、黄等色	茎叶全年观赏，温度适宜全年连续开花
龙须海棠（如图2-194所示）	番杏科	日中花属	别名松叶菊。叶如松而花似菊，茎叶蔓生于地面，有光泽的纤细花瓣。花色有红、黄、紫红等多种	茎叶全年观赏，花期春末夏初
长寿花（如图2-195所示）	景天科	伽蓝菜属	株高10~30cm，茎直立。单叶对生，椭圆形，缘有钝齿。聚伞花序，小花橙红至绯红色	茎叶全年观赏，花期2~5月
大花犀角（如图2-196所示）	萝藦科	豹皮花属	茎粗、四角棱状，棱边有齿状突起及短柔毛，灰绿色，直立向上，如“犀牛角”。基部分枝，花从嫩茎基部长出，五裂张开，呈五角星状，浅黄色，有暗紫红色横纹，边缘密生细长毛	茎叶全年观赏，花期7~8月

（续）

种名	科名	属名	主要识别特征	最佳观赏期
墨牟（如图2-197所示）	百合科	鲨鱼掌属	幼年期无茎，老株有明显的茎，坚硬的肉质叶排成两列，但叶片数很少。叶舌状，先端尖，基部厚、先端薄，叶缘角质化，表面深绿色，上有星散的白斑，叶正、背两面都非常光滑。总状花序很高，小花向一侧下垂，色粉红有绿尖，花较短而圆	茎叶全年观赏，春夏季开花
水晶掌（如图2-198所示）	百合科	十二卷属	株高5～6cm。叶片互生，长圆形或匙状，肉质肥厚，生于极短的茎上，紧密排列为莲座状，叶色翠绿色，叶肉呈半透明状，叶面有8～12条暗褐色条纹或中间有褐色、青色的斑块，叶缘粉红色，有细锯齿。顶生总状花序，花极小	茎叶全年观赏
美丽石莲花（如图2-199所示）	景天科	石莲花属	叶偏长，先端厚，更具肉质的特性，叶缘红色并稍透明	茎叶全年观赏
条纹十二卷（如图2-200所示）	百合科	十二卷属	叶片紧密轮生在茎轴上，呈莲座状，三角状披针形，先端锐尖，叶表光滑，深绿色，叶背绿色，有较大的白色瘤状突起，排列成横条纹	茎叶全年观赏
芦荟（如图2-201所示）	百合科	芦荟属	叶簇生、大而肥厚，呈座状或生于茎顶。叶披针形或叶短宽，边缘有尖齿状刺。花序为伞形、总状、穗状、圆锥形等，色呈红、黄或有赤色斑点	茎叶全年观赏
鬼脚掌（如图2-202所示）	龙舌兰科	龙舌兰属	无茎，肉质叶呈莲座状排列。叶多数，三角锥形，先端细，腹面扁平，背面圆形微呈龙骨状突起，绿色，有不规则的白色线条，叶缘及叶背的龙骨凸上均有白色角质，叶顶端有坚硬的黑刺。松散穗状花序可达4m	茎叶全年观赏
燕子掌（如图2-203所示）	景天科	青锁龙属	叶片肉质肥厚，茎叶碧绿，顶生白色花朵	茎叶全年观赏
吊金钱（如图2-204所示）	萝藦科	吊灯花属	茎细长下垂，叶对生，心形、肉质、银灰色，叶面暗绿，叶背浅绿，叶面上有白色条纹，其纹理好似大理石，叶腋常生有块状肉质珠芽，从茎蔓看，好似古人用绳串吊的铜钱，故名“吊金钱”。花浅紫红色，蕾期形似吊灯，盛开时貌似伞形	茎叶全年观赏

图2-190　松鼠尾

图2-191　神刀

图 2-192　鹿角海棠

图 2-193　虎刺梅

图 2-194　龙须海棠

图 2-195　长寿花

图 2-196　大花犀角

图 2-197　墨牟

图2-198 水晶掌

图2-199 美丽石莲花

图2-200 条纹十二卷

图2-201 芦荟

图2-202 鬼脚掌

图2-203 燕子掌

图2-204 吊金钱

三、蕨类植物

1. 铁线蕨/别名：铁丝草、铁线草、水猪毛土/铁线蕨科 铁线蕨属

（1）观赏形态

株形：高15～40cm，矮丛状。

茎干：根状茎细长横走，密被棕色披针形鳞片。

叶片：远生或近生。叶柄纤细，栗黑色，有光泽，基部密被与根状茎上同样的鳞片，向上光滑。叶卵状三角形，尖头，基部楔形，中部以下多为二回羽状，中部以上为一回奇数羽状，羽片3～5对，互生，斜向上，有柄。叶轴略向左右曲折。

（2）最佳观赏期　全年观赏常绿叶片及株形，如图2-205所示。

2. 鹿角蕨/别名：麋角蕨、蝙蝠蕨、鹿角羊齿/鹿角蕨科 鹿角蕨属

（1）观赏形态

株形：高20～50cm，附生植物。

茎干：根状茎肉质，短而横卧，密被鳞片。鳞片浅棕色或灰白色，中间深褐色，坚硬，线形。

叶片：2列，二型，基生叶（腐殖叶）厚革质，直立或下垂，无柄，贴生于树干上，先端截形，不整齐3～5次叉裂，裂片近等长，全缘，两面疏被星状毛，初时绿色，不久枯萎，褐色，宿存。可育叶常成对生长，下垂，灰绿色，分裂成不等大的3枚主裂片。

（2）最佳观赏期　全年观赏常绿叶片及株形，如图2-206所示。

图2-205　铁线蕨

图2-206　鹿角蕨

3. 鸟巢蕨/别名：巢蕨、山苏花、王冠蕨/铁角蕨科 巢蕨属

（1）观赏形态

株形：高80～100cm，展开灌丛状。

茎干：根状茎直立，粗短，木质，深棕色，先端密被鳞片。鳞片阔披针形，先端渐尖，全缘，薄膜质，深棕色，稍有光泽。

叶片：簇生，辐射状排列于根状茎顶部，中空如巢形结构，能收集落叶及鸟粪。革质叶阔披针形，

两面滑润，叶脉两面稍隆起。孢子囊群长条形，生于叶背侧脉上侧达叶片的1/2。

（2）最佳观赏期 全年观赏常绿叶片及株形，如图2-207所示。

4. 肾蕨/别名：蜈蚣草、圆羊齿、篦子草、石黄皮/肾蕨科 肾蕨属

（1）观赏形态

株形：高30～60cm，展开灌丛状。

茎干：根状茎直立，被蓬松的浅棕色长钻形鳞片，下部有粗铁丝状的匍匐茎向四方横展，匍匐茎棕褐色，不分枝，疏被鳞片，有纤细的褐棕色须根。匍匐茎上生有近圆形的块茎，密被与根状茎上同样的鳞片。

叶片：丛生，线状披针形或狭披针形，先端短尖。叶轴两侧被纤维状鳞片，一回羽状，互生，常密集而呈覆瓦状排列。叶坚草质或草质，干后棕绿色或褐棕色，光滑。孢子囊群成一行位于主脉两侧，肾形。

（2）最佳观赏期 全年观赏常绿叶片及株形，如图2-208所示。

图2-207 鸟巢蕨

图2-208 肾蕨

5. 卷柏/别名：还魂草、长生草/卷柏科 卷柏属

（1）观赏形态

株形：高5～15cm，垫状。

茎干：主茎直立，顶端丛生小枝，如莲座状，节上生有细长的根托，根托先端丛生不定根。小枝扇状分叉，辐射展开，干燥时内卷如拳状。

叶片：较小，异型，交互排列。侧叶披针状钻形，基部龙骨状，先端有长芒，远轴的一边全缘，宽膜质，近轴的一边膜质缘极狭，有微锯齿。中叶两行，卵圆披针形，先端有长芒，斜向，左右两侧不等，边缘有微锯齿，中脉在叶上面下陷。

（2）最佳观赏期 全年观赏常绿叶片及株形，如图2-209所示。

图2-209 卷柏

四、食虫植物

1. 猪笼草/别名：水罐植物、猴水瓶、忘忧草/猪笼草科 猪笼草属

（1）观赏形态

株形：高0.5~2m，直立或攀缘状。

叶片：长圆形，末端有笼蔓，笼蔓的末端形成一个瓶状或漏斗状的捕虫笼，并有笼盖。

花朵：总状花序长20~50cm，被长柔毛，与叶对生或顶生。花被片4，红至紫红色，椭圆形或长圆形，背面被柔毛，腹面密被近圆形腺体。

果实：蒴果，栗色。

（2）最佳观赏期　花期4~11月，果期8~12月，如图2-210所示。

2. 瓶子草/瓶子草科 瓶子草属

（1）观赏形态

株形：高0.5~1m，根状茎匍匐。

叶片：基生成莲座状叶丛，瓶状叶如莲座围成一圈，喇叭状或管状，有一捕虫囊。秋冬季节长出剑形叶，无捕虫囊。

花朵：春季从瓶状叶中伸出一支长长的花莛，一朵向下低垂如小碗似的红色花朵，开在花莛顶端。两性花，花序从叶基部抽出，为疏松的总状花序，花黄绿色或深红色。

果实：蒴果，内含多数细小种子，成熟时自动开裂并弹出种子。

（2）最佳观赏期　着生有瓶状叶及春节开花期，如图2-211所示。

图2-210　猪笼草

图2-211　瓶子草

【课题评价】

本课题学习及考核建议：兰科植物、仙人掌及多肉植物、蕨类植物、食虫植物识别的学习和考核，贯穿于平时调查、整理、动手操作的过程中。最终课程结束后，每位同学建立和拥有属于自己的植物图片库、当地园林植物信息库，方便后期进行相关课程学习时查阅。具体植物种类及课题练习内容，任课教师可根据当地植物资源、常见应用种类及学生实际情况进行选择。

1. 调查整理本地区常见兰科植物、仙人掌及多肉植物、蕨类植物、食虫植物种类，并简单描述其识别特征（列表归纳，识别要点需要用自己的语言，简练概括进行描述）。

编号	名称	识别特征	花期
1			
2			
…			

2. 收集整理兰科植物、仙人掌及多肉植物、蕨类植物、食虫植物电子图片库。

以小组形式，制作 PPT 上交。PPT 制作要求：每一种花卉的图片至少应包括株形、花朵、应用形式，并标注照片收集来源、场所及时间。

3. 手绘常见兰科植物、仙人掌及多肉植物、蕨类植物、食虫植物，并用彩色铅笔上色。

单元3 园林树木

课题1 常绿乔木

常绿乔木是指全年保持叶片不脱落，叶色不变化，有明显主干，株高超过6m的高大木本植物。根据叶片形态不同分为常绿针叶乔木、常绿阔叶乔木；根据主要的观赏形状分为观叶、观形、观花、观果和观枝干等。以下主要介绍常绿乔木自然生长状态下的形态特征。

一、常绿针叶乔木

1. 南洋杉/别名：异叶南洋杉、诺福克南洋杉/南洋杉科 南洋杉属

（1）观赏形态

株高及冠形：高达50m，幼树树冠尖塔形，老树树冠则呈平顶状塔形。

干枝：干皮灰褐色或暗灰色，粗糙，横裂。大枝轮生平展或斜伸，侧生小枝羽状密生，下垂，常呈V形。

叶片：螺旋状着生或交叉对生，叶上面有多数气孔线。幼树及侧生小枝之叶锥形，两侧略扁，大树及花果枝之叶卵形至三角状卵形，叶色深绿，如图3-1所示。

花朵：花期3月。雌雄异株，雄球花圆柱形，单生枝顶，雌球花椭圆形或近球形，单生枝顶。

果实：球果，2~3年成熟。近球形，长20cm，苞鳞先端向上弯曲，如图3-2所示。

图3-1 南洋杉

图3-2 南洋杉球果

（2）最佳观赏期　四季观赏常绿叶片及塔状树形，如图3-3所示。

（3）同属其他常用种或品种　大叶南洋杉（别名：塔杉、洋刺杉、披针叶南洋杉）。

2. 日本冷杉/松科 冷杉属

（1）观赏形态

株高及冠形：高达50m，树冠幼时尖塔形，老树则广卵状圆形。

干枝：干皮粗糙，呈鳞片状开裂，大枝常平展，小枝有纵沟槽及圆形平叶痕。

叶片：条形，直或微弯，螺旋状着生并两侧展开，上面亮绿色，下面有2条灰白色气孔带。在幼树或徒长枝上先端常2裂，在果枝上先端钝或微凹。

花朵：花期4～5月，雌雄同株。

果实：果期10月。圆筒形，苞鳞外露，黄褐或灰褐色。

（2）最佳观赏期　四季常绿，塔状树形，如图3-4所示。

（3）同属其他常用种或品种　辽东冷杉（别名：沙松、白松）。

图3-3　南洋杉树形

图3-4　日本冷杉

3. 云杉/别名：大果云杉、异鳞云杉、大云杉、白松/松科 云杉属

（1）观赏形态

株高及冠形：高达45m，树冠圆锥形。

干枝：干皮鳞片状浅裂，小枝浅黄褐色，不下垂，常有短柔毛，小枝基部宿存芽鳞，先端微反曲。

叶片：四棱状条形，先端尖，横切面菱形，灰绿色或蓝绿色，四面有气孔线，如图3-5所示。

花朵：花期4～5月。

果实：果期9～10月。柱状矩圆形或圆柱形，成熟前种鳞全为绿色，成熟时呈灰褐色或栗褐色，苞鳞三角状匙形。

（2）最佳观赏期　四季常绿，圆锥状树形，如图3-6所示。

（3）同属其他常用种或品种　红皮云杉（别名：红皮臭、虎尾松）、红扦（别名：红扦、白儿松）、青扦（别名：华北云杉）。

图 3-5　云杉

图 3-6　云杉树形

4. 雪松/别名：喜马拉雅杉、喜马拉雅雪松/松科 雪松属

（1）观赏形态

株高及冠形：高达 50m，幼树树冠圆锥形，老树树冠塔形。

干枝：干皮深灰色，裂成鳞状块片。大枝不规则轮生，平展，小枝略下垂。

叶片：在长枝上散生，在短枝上簇生。叶针形且坚硬，横切面三角形，灰绿色或深绿色，如图 3-7 所示。

花朵：花期 10～11 月，多雌雄异株稀同株。

果实：果熟期翌年 10 月。球果卵圆形或宽椭圆形，顶端圆钝，有短梗，成熟前浅绿色，微有白粉，熟时红褐色。

（2）最佳观赏期　四季常绿，塔状树形，如图 3-8 所示。

图 3-7　雪松

图 3-8　雪松树形

5. 油松/别名：短叶松、东北黑松、红皮松/松科 松属

（1）观赏形态

株高及冠形：高达 30m，壮年期树冠塔形或广卵形，老树树冠呈盘状或伞形。

干枝：干皮灰棕色，裂成较厚的鳞状块片，裂缝及上部树皮红褐色。枝平展或向下斜展，小枝较粗，褐黄色，无毛，幼时微被白粉，如图3-9所示。

叶片：针叶2针1束，深绿色，粗硬，边缘有细锯齿，两面有气孔线，横切面半圆形。

花朵：花期4~5月，雄球花橙黄色，雌球花绿紫色。

果实：果熟期翌年9~10月。球果卵圆形，向下弯垂，成熟前绿色，熟时浅褐黄色，常宿存树上近数年之久，球果鳞背隆起，鳞脐有刺。

（2）最佳观赏期　四季常绿，广卵状树形，如图3-10所示。

图3-9　油松干皮

图3-10　油松树形

（3）同属其他常用种或品种　樟子松、马尾松、黑松、赤松、白皮松、华山松、日本五针松、湿地松。

6. 侧柏/别名：扁柏/柏科 侧柏属

（1）观赏形态

株高及冠形：高达20m，幼树树冠卵状尖塔形，老树树冠为广圆形。

干枝：干皮薄，呈薄片状剥离，枝条向上伸展或斜展，扁平，无白粉。

叶片：全为鳞叶，两面绿色，长1~3mm，先端微钝，对生，小枝中央的叶的露出部分呈倒卵状菱形或斜方形，如图3-11所示。

花朵：花期3~4月。雄球花黄色，卵圆形，雌球花近球形，蓝绿色，被白粉。

果实：果期10月。球果近卵圆形，成熟前近肉质，蓝绿色，被白粉，成熟后木质，开裂，红褐色。果鳞木质而厚，先端反曲，种子无翅。

（2）最佳观赏期　四季常绿，塔形树形，如图3-12所示。

图3-11　侧柏叶果

图3-12　侧柏树形

7. 圆柏/别名：桧柏、刺柏、红心柏、珍珠柏/柏科 圆柏属

（1）观赏形态

株高及冠形：高达20m，树冠尖塔形至广圆形。

干枝：干皮灰褐色，纵裂成窄长条片，生鳞叶小枝近圆柱形或近方形。

叶片：成年树及老树鳞叶为主，鳞叶先端钝，幼树常为刺叶，三叶交叉轮生，上面微凹，有两条白色气孔带，如图3-13所示。

花朵：花期4~5月，雌雄异株，稀同株。

果实：2年成熟，果近球形，褐色，被白粉，不开裂。

（2）最佳观赏期　四季常绿，尖塔树形，如图3-14所示。

（3）同属其他常用种或品种　龙柏、铅笔柏（别名：北美圆柏）。

图3-13　圆柏鳞叶

图3-14　圆柏树形

8. 杜松/别名：刚桧、棒儿松/柏科 刺柏属

（1）观赏形态

株高及冠形：高达10m，幼时树冠窄塔形，后变圆锥形。

干枝：干皮纵裂，小枝下垂，幼枝三棱形，无毛。

叶片：条形，坚硬而长，正面有一条白粉带在深槽内，背面有明显纵脊。

图3-15　杜松

花朵：花期5月，花小，黄色。

果实：果期翌年10月。球果圆球形，成熟前紫褐色，熟时浅褐黑色或蓝黑色，常被白粉。

（2）最佳观赏期　四季常绿，塔形或圆柱状树形，如图3-15所示。

9. 罗汉松/别名：土杉、罗汉杉/罗汉松科 罗汉松属

（1）观赏形态

株高及冠形：高达20m，树冠广卵形。

干枝：干皮浅纵裂，成薄片状脱落，枝开展或斜展，较密。

叶片：条状披针形，全缘，两面中脉显著，无侧脉，螺旋状互生。

花朵：花期4~5月，雄球花3~5簇生叶腋，雌球花单生叶腋，如图3-16和图3-17所示。

图3-16 罗汉松雌花

图3-17 罗汉松雄花

果实：果期8～9月，核果状，着生于肥大肉质红色或紫红色种托上，全形如披着袈裟的罗汉，如图3-18所示。

（2）最佳观赏期 四季观姿，秋季观果，如图3-19所示。

图3-18 罗汉松果

图3-19 罗汉松树形

10. 竹柏/别名：罗汉柴/罗汉松科 竹柏属

（1）观赏形态

株高及冠形：高达20m，树冠圆锥形。

干枝：干皮近于平滑，红褐色或暗紫红色，呈小块薄片脱落，枝条开展或伸展。

叶片：对生或近对生，革质，有光泽，长卵形、卵状披针形或披针状椭圆形，有多数平行细脉，无中脉。

花朵：花期3～4月。雄球花圆柱状，3～4个腋生，雌球花单生叶腋。

果实：果期10月。种子球形，成熟时假种皮暗紫色，有白粉，种托干瘦。

（2）最佳观赏期 四季观姿，如图3-20所示。

（3）同属其他常用种或品种 长叶竹柏。

11. 红豆杉/别名：卷柏、扁柏、红豆树、观音杉/红豆杉科 红豆杉属

（1）观赏形态

株高及冠形：高达30m，树冠卵圆形。

干枝：干皮灰褐色或红褐色，裂成条片脱落。

叶片：质地较厚，条形，微弯或直，排成2列。叶面深绿色，有光泽，下面浅黄绿色，有2条气孔带，中脉带色泽常与气孔带同色，两者都密生均匀而微小的圆形角质乳头状突起点，如图3-21所示。

花朵：花期5～6月。雌雄异株，雌雄球花均单生叶腋。

图3-20　竹柏

图3-21　红豆杉枝叶

果实：卵圆形，上部渐窄，稀倒卵状，微扁或圆，上部常有2钝棱脊，先端有突起的短钝尖头，生于杯状红色肉质假种皮中。

（2）最佳观赏期　四季观姿。

（3）同属其他常用种或品种　东北红豆杉（别名：紫衫）、南方红豆杉（别名：美丽红豆杉）。

二、常绿阔叶乔木

1. 白兰花/别名：白兰、白玉兰/木兰科 白兰属

（1）观赏形态

株高及冠形：高达25m，树冠锥形。

干枝：干皮灰色，新枝及芽有白色绢毛。

叶片：薄革质，长椭圆形至椭圆状披针形，叶背无毛或沿脉疏生毛，托叶痕不及叶柄长的1/2，如图3-22所示。

花朵：白色，极香。

果实：通常不结实。

（2）最佳观赏期　花期4～5月和8～9月，如图3-23所示。

（3）同属其他常用种或品种　乐昌含笑、深山含笑、黄兰。

图3-22　白兰花（花、叶）

图3-23　白兰花冠形

2. 木莲/别名：绿楠/木兰科 木莲属

（1）观赏形态

株高及冠形：高达20m，树冠圆形。

干枝：干皮灰色，平滑，嫩枝及芽有红褐短毛，后脱落无毛。

叶片：厚革质，长椭圆形状倒披针形，下面疏生红褐色短毛，叶柄上托叶痕半椭圆形。

花朵：花单朵顶生，花被通常9片，纯白色，状如莲花。

果实：果熟期10月。聚合蓇葖果褐色，卵球形，种子暗红色。

（2）最佳观赏期 四季常绿，春末夏初观花，如图3-24所示。

图3-24 木莲

3. 广玉兰/别名：荷花玉兰、洋玉兰/木兰科 木兰属

（1）观赏形态

株高及冠形：高达30m，树冠宽圆锥形。

干枝：干皮淡褐色或灰色，薄鳞片状开裂。小枝粗壮，具横隔的髓心，小枝、芽、叶下面、叶柄均密被褐色或灰褐色短绒毛（幼树的叶下面无毛）。

叶片：厚革质，椭圆形，表面亮绿色，背面有锈色绒毛，如图3-25所示。

花朵：杯形，极大，径达20～25cm，白色，状似荷花，芳香，花被片9～12，如图3-26所示。

图3-25 广玉兰（叶）

图3-26 广玉兰（花）

果实：果熟期10月。聚合果圆柱状长圆形或卵圆形，密被褐色或淡灰黄色绒毛，如图3-27所示。

（2）最佳观赏期 花期6～7月，四季观赏常绿叶片及株形，如图3-28所示。

图3-27 广玉兰（果）

图3-28 广玉兰（形）

4. 苦槠/壳斗科 锥属

(1) 观赏形态

株高及冠形：高5~10m，稀达15m，树冠卵圆形。

干枝：干皮浅纵裂，片状剥落。小枝灰色，散生皮孔，当年生枝红褐色，略具棱，枝、叶均无毛。

叶片：革质，长椭圆形至卵状矩圆形，叶缘中部以上疏生锐锯齿，叶面亮绿色，下面灰绿色或银灰色，螺旋状排列，无毛。

花朵：花期4~5月，花序轴无毛。

果实：果熟期10~11月。壳斗深杯状至近球形，几乎全包坚果，坚果单生于总苞内，总苞表面有疣状苞片，果实成串生于枝上。

(2) 最佳观赏期　四季观赏常绿叶片及株形，如图3-29所示。

5. 青冈栎/别名：青冈、铁稠/壳斗科 青冈属

(1) 观赏形态

株高及冠形：高达20m，树冠卵形。

干枝：干皮平滑而不裂，小枝青褐色无棱，幼时有毛而后脱落。

叶片：革质，倒卵状长椭圆形或长椭圆形，叶缘中部以上有疏锯齿，叶面无毛，叶背有整齐平伏白色单毛。

花朵：雄花序长5~6cm，花序轴被苍色绒毛。

果实：果熟期10月。壳斗碗形，包围坚果1/3~1/2，苞片合生成5~8条同心环带，环带全缘或有细缺刻，排列紧密。坚果卵形或椭圆形。

(2) 最佳观赏期　花期4~5月，四季观赏常绿叶片及株形，如图3-30所示。

图3-29　苦槠

图3-30　青冈栎

6. 杨梅/杨梅科 杨梅属

(1) 观赏形态

株高及冠形：高达15m，树冠近球形，如图3-31所示。

干枝：干皮灰色，老时浅纵裂。

叶片：倒披针形，先端渐钝，全缘或先端有锯齿，背面密被黄色小腺点。

花朵：雌雄异株，雄花序紫红色，雌花序较短，红色，仅最上1朵花能育。

果实：核果球形，深红色，被乳头状突起。

(2) 最佳观赏期　花期3~4月，果期5~7月，如图3-32所示。

图3-31 杨梅

图3-32 杨梅（叶、果）

7. 大叶桃花心木/别名：美洲红木/楝科 花心木属

（1）观赏形态

株高及冠形：高达25m以上，树冠近球形。

干枝：基部扩大成板根，干皮淡红褐色，鳞片状，枝条广展，平滑，灰色。

叶片：互生，偶数羽状复叶，小叶对生，革质，卵形或卵状披针形，两侧不对称，基部偏斜，下面网脉细致明显。叶长35cm，有小叶4～6对，叶面深绿色，背面淡绿色。

花朵：圆锥花序，腋生，花萼浅杯状，5裂，花丝合生成坛状，花瓣白色。

果实：果熟期次年3～4月。蒴果大，卵形，木质，熟时5瓣裂。

（2）最佳观赏期 花期春季，如图3-33所示。

图3-33 大叶桃花心木

8. 塞楝/别名：非洲楝、非洲桃花心木/楝科 塞楝属

（1）观赏形态

株高及冠形：高达30m，树冠近球形，如图3-34所示。

干枝：干皮灰色，呈鳞片状开裂，嫩枝有暗褐色皮孔，如图3-35所示。

叶片：互生，偶数羽状复叶，小叶互生或近对生，顶端2小叶对生，长圆形，下部的有时卵形，大小差异较大，顶端突尖，基部不等，稍偏斜，背面网脉蜂窝状，如图3-36所示。

图3-34 塞楝（形）

图3-35 塞楝（干）

图3-36 塞楝（叶）

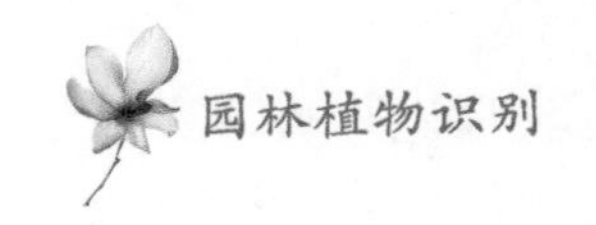

花朵：复聚伞花序顶生或上部叶腋生，花瓣黄白色，花盘红色，花丝合生成壶状。

果实：球形，4 瓣裂，种子周围有薄翅。

（2）最佳观赏期　花期 3～6 月，果熟期次年 3～6 月。

9. 人面子/漆树科 人面子属

（1）观赏形态

株高及冠形：高达 30m，树冠圆球形，如图 3-37 所示。

干枝：干皮灰褐色，具板状根。幼枝具条纹，被灰色绒毛。

叶片：奇数羽状复叶，有小叶 5～7 对，叶轴和叶柄具条纹，披疏毛。小叶互生，近革质，长圆形，背面脉腋有簇生毛，基部偏斜而钝圆，自下而上逐渐增大。

花朵：花期 5～6 月。圆锥花序顶生或腋生，比叶短，疏被灰色微柔毛。花青白色，被微柔毛，萼片阔卵形或椭圆状卵形，如图 3-38 所示。

果实：核果扁球形，成熟时黄色，果核具 5 个大小不等的萌发孔，状似人面五官。

（2）最佳观赏期　果期 9～10 月，如图 3-39 所示。

图 3-37　人面子（形）

图 3-38　人面子（花、叶）

图 3-39　人面子（果）

10. 杧果/别名：檬果/漆树科 杧果属

（1）观赏形态

株高及冠形：高达 25m，树冠球形，浓密，如图 3-40 所示。

干枝：干直，小枝绿色，无毛，枝叶搓之有杧果香味。

叶片：互生，常聚生枝端，叶长椭圆状披针形，全缘，革质。叶面略具光泽，先端渐尖、长渐尖或急尖，基部楔形或近圆形，边缘皱波状，无毛。

花朵：花期 3～4 月。圆锥花序顶生，多花密集，被灰黄色微柔毛，花小，杂性，黄色或淡黄色，如图 3-41 所示。

果实：核果长卵形或椭球形，微扁，熟时黄色。

（2）最佳观赏期　果期 5～8 月，如图 3-42 所示。

图 3-40　杧果（形）

图3-41 杧果（花、叶）

图3-42 杧果（果）

（3）同属其他常用种或品种　扁桃。树冠卵状塔形，树干直，小枝绿色。叶互生，狭长披针形，革质，叶面略具光泽，边缘皱波状，无毛。圆锥花序，被灰黄色微柔毛，核果近卵形，微扁，熟时黄色，如图3-43所示。

图3-43 扁桃

11. 柚/芸香科 柑橘属

（1）观赏形态

株高及冠形：高5～10m，树冠圆形。

干枝：树干挺直，小枝扁具棱角，有柔毛，枝刺较大。

叶片：单身复叶，较大，卵状椭圆形，质厚，色浓绿，顶端钝或微凹，基部圆，缘有钝齿，叶柄具宽大倒心形之翅，如图3-44所示。

花朵：花期5月。总状花序，有时兼有腋生单花，白色，花蕾淡紫红色，花萼不规则5～3浅裂。

果实：柑果特大，扁圆形，梨形或阔圆锥状，淡黄或黄绿色，杂交种有朱红色的，果皮厚，海绵质。

（2）最佳观赏期　果期9～11月，如图3-45所示。

（3）同属其他常用种或品种　柑橘、柠檬。

图3-44 柚（叶）

图3-45 柚（果）

12. 九里香/芸香科 九里香属

（1）观赏形态

株高及冠形：高3～8m，树冠近圆形。

干枝：分枝多，小枝无毛，枝灰白或淡黄灰色，当年生枝绿色。

叶片：羽状复叶互生，小叶倒卵形或倒卵状椭圆形，两侧常不对称，顶端圆或钝，有时微凹，全缘，小叶柄甚短，表面深绿有光泽，较厚。

花朵：花序通常顶生，或顶生兼腋生，花多朵聚成伞状，为短缩的圆锥状聚伞花序；花白色，芳香，花瓣5片，长椭圆形，盛花时反折，萼片卵形，如图3-46所示。

果实：浆果近球形，橙黄至朱红色，顶部短尖，果肉有粘胶质液，种子有短的棉质毛，如图3-47所示。

（2）最佳观赏期　花期4～8月，或秋后开花，果期9～12月。

图3-46　九里香（花）

图3-47　九里香（果）

13. 黄皮/芸香科 黄皮属

（1）观赏形态

株高及冠形：高达12m，树冠浓密圆整。

干枝：干皮黑褐色，幼枝绿色被柔毛。

叶片：奇数羽状复叶，小枝、叶柄、叶轴及背脉均具黑色瘤状小突体，小叶5～13片，常偏斜，叶缘波浪状。

花朵：顶生圆锥花序大且直立，花瓣白色，两面被黄色短柔毛，如图3-48所示。

果实：浆果，近球形，黄色，被毛，种子1～4粒，如图3-49所示。

（2）最佳观赏期　花期3～5月，果期7～8月。

图3-48　黄皮（花）

图3-49　黄皮（果）

14. 花榈木/别名：毛叶红豆树/蝶形花科 红豆树属

（1）观赏形态

株高及冠形：高达13m，树冠圆球形。

干枝：干皮青灰色，平滑，有浅裂纹。小枝、芽及叶背均密生灰黄色松软绒毛，裸芽。

叶片：奇数羽状复叶，小叶5～9片，矩圆形、矩圆状倒披针形或矩圆状长卵形，先端急尖，基部圆或宽楔形，叶缘微反卷，上面深绿色，光滑无毛，下面及叶柄均密被黄褐色绒毛。

花朵：圆锥花序顶生，或总状花序腋生，密被灰黄色茸毛，花冠黄白色。

果实：荚果矩圆形，扁平，顶端有喙，果瓣革质，紫褐色，无毛，种子椭圆形或卵形，种皮鲜红色，有光泽，如图3-50所示。

图3-50 花榈木

（2）最佳观赏期 花期7～8月，果期10～11月。

（3）同属其他常用种或品种 红豆树、海南红豆。

15. 台湾相思/别名：相思树/含羞草科 金合欢属

（1）观赏形态

株高及冠形：高6～15m，树冠卵圆形。

干枝：干皮灰褐色，主干通直，分枝多，小枝纤细，无毛无刺。

叶片：苗期第一片真叶为羽状复叶，长大后小叶退化，叶柄变为叶状柄，叶状柄革质，披针形，直或微呈弯镰状，两端渐狭，先端略钝，两面无毛，全缘，有平行脉数条。

花朵：头状花序绒球形，1～3腋生，花金黄色，有微香，雄蕊多数，明显超出花冠之外。

果实：果期7～10月。荚果扁平，干时深褐色，有光泽。

（2）最佳观赏期 花期3～6月，如图3-51所示。

（3）同属其他常用种或品种 大叶相思、银叶金合欢（别名：珍珠相思）。

图3-51 台湾相思

16. 南洋楹/含羞草科 南洋楹属

（1）观赏形态

株高及冠形：高达45m，树冠伞状半球形。

干枝：干皮灰青色或灰褐色，不裂，稍粗糙。嫩枝微有棱，淡绿色，被柔毛。

叶片：二回偶数羽状复叶，羽片6～20对，上部的通常对生，下部的有时互生，叶柄基部有一盘状大腺体，叶轴上部有2～5个腺体。各羽片具小叶10～21对，无柄，菱状长圆形，先端急尖，中脉显著上偏，形同菜刀，如图3-52所示。

花朵：穗状花序腋生，单生或数个组成圆锥花序，花初白色，后变黄，花萼钟状，形似瓶刷，密被短柔毛。

果实：果期7~9月。荚果狭带形，扁平，熟时开裂。

（2）最佳观赏期　四季观树形，花期4~7月，如图3-53所示。

图3-52　南洋楹（叶）

图3-53　南洋楹（形）

17. 红花羊蹄甲/别名：紫荆花/苏木科 羊蹄甲属

（1）观赏形态

株高及冠形：高达10m，树冠平展如伞。

干枝：干皮灰色，枝条柔软稍垂。

叶片：单叶互生，革质，近圆形或阔心形，先端裂至叶片的1/4~1/3处，裂片顶端圆形，具掌状脉11~13条，叶柄粗壮。

花朵：总状花序。花大，花瓣倒披针形，紫红色，如图3-54所示。

果实：通常不结果。

（2）最佳观赏期　几乎全年均可开花，盛花期在春秋两季，如图3-55所示。

（3）同属其他常用种或品种　羊蹄甲、宫粉紫荆（别名：紫荆羊蹄甲、洋紫荆、宫粉羊蹄甲）。

图3-54　红花羊蹄甲（花）

图3-55　红花羊蹄甲

18. 中国无忧花/别名：火焰花、袈裟树/苏木科 无忧花属

（1）观赏形态

株高及冠形：高达20m，树冠椭圆状伞形。

干枝：干皮灰褐色，稍粗糙。

叶片：偶数羽状复叶，小叶5～6对，近革质，长椭圆形或卵状披针形，新叶橙红，下垂，如同袈裟，如图3-56所示。

花朵：总状花序，腋生，花两性或单性，花萼顶端有4枚裂片，裂片卵形，橙黄色，似火焰，花瓣退化，如图3-57所示。

图3-56 中国无忧花（叶）

图3-57 中国无忧花（花）

果实：果期秋季，荚果，带形，扁平，熟时褐色，如图3-58所示。

（2）最佳观赏期 花期夏季，四季观形，如图3-59所示。

图3-58 中国无忧花（果）

图3-59 中国无忧花（形）

19. 榕树/别名：细叶榕、万年青、小叶榕/桑科 榕属

（1）观赏形态

株高及冠形：高达25m，冠幅广展，树冠庞大，枝叶茂密。

干枝：干皮深灰色，枝具下垂须状气生根，老树常有锈褐色气根，枝叶具白色乳汁。

叶片：互生，薄革质，卵状椭圆形或倒卵形，先端钝尖，基部楔形，表面深绿色，干后深褐色，有光泽，全缘，无毛，如图3-60所示。

花朵：花期5～6月，雄花、雌花、瘿花同生于一花序托内。

果实：果期7～8月。隐花果成对腋生或生于已落叶枝叶腋，成熟时黄或微红色，扁球形，瘦果卵圆形。

（2）最佳观赏期　四季观形，如图3-61所示。

（3）同属其他常用种或品种　黄金榕、厚叶榕、高山榕（别名：大青树）、垂叶榕、印度胶榕。

图3-60　榕树（叶）

图3-61　榕树（形）

20. 波罗蜜/别名：牛肚子果、树波罗、木波罗/桑科 波罗蜜属

（1）观赏形态

株高及冠形：高达20m，树冠开展成伞形。

干枝：有时具板状根，干皮厚，黑褐色。小枝细，无毛，有环状托叶痕。

叶片：互生，革质，椭圆形或倒卵形，全缘或偶有浅裂。表面墨绿色，无毛有光泽，背面浅绿色，略粗糙，如图3-62所示。

图3-62　波罗蜜（叶）

花朵：花期2～3月。单性同株，雄花序顶生或腋生，圆柱形，雌球花椭球形，生于树干或大枝上。

果实：聚花果椭圆形至球形，幼时浅黄色，成熟时黄色，表面有坚硬六角形瘤状突起。

（2）最佳观赏期　果期7～8月，四季观形，如图3-63所示。

图3-63　波罗蜜（果）

（3）同属其他常用种或品种　桂木。小枝无环状托叶痕，叶革质无毛，椭圆形至倒卵形，全缘或疏生不规则浅齿，托叶佛焰苞状。聚花果，成熟时红色或黄色，如图3-64所示。

21. 龙眼/别名：圆眼、桂圆/无患子科 龙眼属

（1）观赏形态

株高及冠形：高达10m以上，树冠浓密。

干枝：干皮粗糙，薄片状剥落；小枝具浅沟槽，幼枝生锈色柔毛及苍白色凸起。

叶片：偶数羽状复叶互生，小叶3～7对，长椭圆形或长椭圆状披针形，基部稍不对称，侧脉在叶面明显，如图3-65所示。

图3-64 桂木

图3-65 龙眼（叶）

花朵：春夏季开花。圆锥花序顶生或腋生，花杂性，小，乳白色，4～5瓣，如图3-66所示。

果实：球形，外皮较平滑，种子茶褐色，具白色、肉质、半透明而多汁的假种皮。

（2）最佳观赏期 果期7～8月，如图3-67所示。

图3-66 龙眼（花）

图3-67 龙眼（果）

22. 荔枝/别名：离枝、丹荔、火山/无患子科 荔枝属

（1）观赏形态

株高及冠形：高达20m，树姿开展。

干枝：干皮灰褐色，不裂。小枝圆柱状，褐红色，密生白色皮孔。

叶片：偶数羽状复叶，小叶椭圆形或椭圆状披针形，革质，光亮，下面粉绿色，中脉在上面凹下，侧脉不明显。新叶橙红。

花朵：花期2～4月。圆锥花序顶生，花小，无花瓣，如图3-68所示。

果实：卵圆形至近球形，成熟时通常暗红色至鲜红色，果皮具明显的瘤状凸起。种子褐色，具白色、肉质、半透明而多汁的假种皮。

（2）最佳观赏期 果期5～8月，如图3-69所示。

图 3-68　荔枝（花）

图 3-69　荔枝（果）

23. 石楠/别名：千年红、红树叶/蔷薇科 石楠属

（1）观赏形态

株高及冠形：高 4～6m，树冠广圆形。

干枝：小枝灰褐色，无毛。

叶片：互生，革质，长椭圆形至倒卵状椭圆形，先端尾尖，基部圆形或宽楔形，缘有细锯齿，中脉显著，表面深绿而有光泽，幼叶带红色。

花朵：花期 4～5 月。复伞房花序，花小，白色，如图 3-70 所示。

果实：果期 10 月。梨果近球形，红色。

（2）最佳观赏期　四季观形，冬季果实红色，如图 3-71 所示。

图 3-70　石楠（花）

图 3-71　石楠（形）

（3）同属其他常用种或品种　红叶石楠。

24. 枇杷/别名：卢桔/蔷薇科 枇杷属

（1）观赏形态

株高及冠形：高达 12m，树冠圆球形。

干枝：小枝粗壮，黄褐色，密生锈色或灰棕色绒毛。

叶片：革质，披针形、倒披针形、倒卵形或椭圆状矩圆形，先端急尖或渐尖，基部楔形或渐窄成叶柄，上部边缘有疏锯齿，叶面多皱，下面及叶柄密生灰棕色绒毛，如图 3-72 所示。

花朵：花期 10～12 月。顶生圆锥花序，花白色，芳香。

果实：果期次年 5～6 月。梨果近球形，橙黄色。

（2）最佳观赏期 初夏果实硕大金黄，如图3-73所示。

图3-72 枇杷（叶）

图3-73 枇杷

25. 香樟/别名：樟树、樟木/樟科 樟属

图3-74 香樟（叶、果）

（1）观赏形态

株高及冠形：高达30m，树冠广卵形。

干枝：直径可达3m，全株有樟脑气味。干皮幼时绿色，光滑，老时黄褐色，不规则的纵裂。

叶片：互生，卵状椭圆形，长5～8cm，薄革质，背面灰绿色，无毛，先端急尖，基部宽楔形至近圆形，边缘全缘，离基三出脉，脉腋有明显腺体，如图3-74所示。

花朵：花期4～5月。花两性，圆锥花序腋生，花绿白或带黄色。

果实：果期8～11月。核果卵球形或近球形，直径6～8mm，紫黑色。

（2）最佳观赏期 四季观赏株形，如图3-75所示。

（3）同属其他常用种或品种 肉桂（别名：玉桂、桂皮）、黄樟、兰屿肉桂（别名：平安树）、阴香（别名：广东桂皮）。

图3-75 香樟

26. 海桐/别名：海桐花/海桐科 海桐属

（1）观赏形态

株高及冠形：高2～6m，树冠圆球形。

干枝：小枝近轮生，嫩枝被褐色柔毛，后脱落，有皮孔。

叶片：互生，革质而有光泽，长倒卵形，先端圆钝，基部窄楔形，全缘，干后反卷，常集生枝端呈假轮生状。

花朵：伞房花序，花瓣5，花白色，有芳香，后变黄色，如图3-76所示。

果实：果期9～10月。蒴果圆球形，有棱或呈三角形，入秋果实开裂露出红色种子，3片裂开，果瓣木质，内侧黄褐色，如图3-77所示。

图 3-76　海桐（花、叶）

图 3-77　海桐（果）

（2）最佳观赏期　花期 5 月，四季观赏浓绿亮泽的叶片和株形，如图 3-78 所示。

27. 蚊母树/金缕梅科 蚊母树属

（1）观赏形态

株高及冠形：高达 25m，树冠开展，呈球形。

干枝：小枝略呈“之”字曲折，嫩枝及裸芽具星状鳞毛，老枝秃净，干后暗褐色。

叶片：单叶互生，叶革质，倒卵状长椭圆形，全缘或近端略有齿裂状，先端钝或稍圆，基部阔楔形，光滑无毛，侧脉 5 ~ 6 对，如图 3-79 所示。

图 3-78　海桐（形）

图 3-79　蚊母树

花朵：花期 4 ~ 5 月。花小且无花瓣，腋生短总状花序长约 2cm，具星状短柔毛，花药红色。

果实：果期 9 月。蒴果卵圆形，先端尖，密生褐色星状绒毛，顶端有 2 宿存花柱，果梗短。

（2）最佳观赏期　四季观赏株形。

28. 苹婆/别名：凤眼果、七姐果/梧桐科 苹婆属

（1）观赏形态

株高及冠形：高达 20m，树冠宽阔浓密。

干枝：干皮褐黑色，幼枝疏生星状毛，后变无毛。

叶片：薄革质，倒卵状椭圆形或矩圆状椭圆形，长 8 ~ 25cm，顶端急尖或钝，基部浑圆或钝，两面均无毛。叶柄长 2 ~ 5cm，两端均膨大呈关节状，如图 3-80 所示。

花朵：花期4～5月。圆锥花序顶生或腋生，下垂，长达20cm，花杂性，无花冠，花萼粉红色，5裂，萼筒与裂片等长，如图3-81所示。

果实：蓇葖果，饺子形，果皮厚革质，密被短绒毛，熟时暗红色，如图3-82所示。

（2）最佳观赏期　果期8～9月，四季观形，如图3-83所示。

（3）同属其他常用种或品种　假苹婆。

图3-80　苹婆（叶、果）

图3-81　苹婆（花）

图3-82　苹婆（果）

图3-83　苹婆（形）

29. 山茶花/别名：山茶、茶花、曼陀罗树、耐冬/山茶科 山茶属

（1）观赏形态

株高及冠形：高6～9m，树冠卵圆形。

干枝：小枝淡绿色或紫绿色，嫩枝无毛。

叶片：革质互生，椭圆形或倒卵形，表面暗绿而有光泽，先端渐尖，或急短尖而有钝尖头，基部阔楔形，缘有细锯齿，无毛。

花朵：花顶生，红色，无柄，花大。品种繁多，花大多数为红色或淡红色，稀白色，多为重瓣，如图3-84所示。

果实：果期11～12月。蒴果圆球形，果皮厚木质。

（2）最佳观赏期　花期1～4月，四季观赏亮绿叶片及株形，如图3-85所示。

图 3-84　山茶花（花、叶）

图 3-85　山茶花（形）

（3）同属其他常用种或品种　茶梅、金花茶。

30. 木荷/别名：荷木、荷树/山茶科 木荷属

（1）观赏形态

株高及冠形：高达30m，树冠广卵形。

干枝：干皮灰褐色，块状纵裂。小枝带紫色，幼时有毛，后变无毛。

叶片：革质或薄革质，互生，长椭圆形，先端渐尖，有时略钝，基部楔形，边缘有钝齿，灰绿色。

花朵：花期6~8月。花单生叶腋，常多朵排成总状花序，白色，如图3-86所示。

果实：果期9~11月。蒴果木质，扁球形，熟时5裂。

（2）最佳观赏期　四季观赏株形，如图3-87所示。

图 3-86　木荷（花）

图 3-87　木荷（形）

31. 木犀/别名：岩桂/木犀科 木犀属

(1) 观赏形态

株高及冠形：高达10m，树冠卵圆形，如图3-88所示。

干枝：干皮灰白色，粗糙不开裂，表面有皮孔。

叶片：单叶对生，矩圆形或椭圆状卵形，先端渐尖，幼树之叶缘具疏齿，大树之叶近全缘，硬革质，无光泽。

花朵：花小，花冠黄白色、淡黄色、黄色或橘红色，浓香，如图3-89所示。

图3-88 木犀（形）

图3-89 木犀（花、叶）

果实：果期翌年3~5月。果歪斜，椭圆形，呈紫黑色，如图3-90所示。

(2) 最佳观赏期 花期9~10月。

(3) 同属其他常用种或品种 丹桂、金桂、银桂、四季桂。

图3-90 木犀（果）

32. 女贞/别名：冬青、青蜡树、大叶蜡树、白蜡树、蜡树/木犀科 女贞属

(1) 观赏形态

株高及冠形：高6~15m。

干枝：干皮灰色，平滑不开裂。枝黄褐色、灰色或紫红色，疏生圆形或长圆形皮孔。

叶片：卵形至卵状椭圆形，光滑无毛，先端尖，革质而有光泽，如图3-91所示。

花朵：花白色，几无柄，花冠裂片与花筒近等长。

果实：果期11~12月。果肾形或近肾形，深蓝黑色，成熟时呈红黑色，被白粉。

(2) 最佳观赏期 花期5~6月，四季观赏株形，如图3-92所示。

图 3-91　女贞（叶）

图 3-92　女贞（形）

33. 橄榄/别名：黄榄、青果、山榄、青子/橄榄科 橄榄属

（1）观赏形态

株高及冠形：高达 20m，干形端直。

干枝：干皮青灰色，粗糙。小枝粗 5~6mm，幼部被黄棕色绒毛。

叶片：奇数羽状复叶，小叶对生，7~15 枚，披针形或椭圆状卵形，基部偏斜，背面于网脉上有小窝点，侧脉末端不相连。

花朵：花期 4~5 月。花小，芳香，白色。

果实：核果卵形，熟时黄绿色。

（2）最佳观赏期　果期 9~10 月，四季观赏株形，如图 3-93 所示。

图 3-93　橄榄

34. 杜英/别名：山杜英、羊屎树、胆八树/杜英科 杜英属

（1）观赏形态

株高及冠形：高达 15m，树冠卵球形。

干枝：干皮深褐色，平滑不裂，小枝红褐色。

叶片：倒卵状椭圆形至倒卵状披针形，先端钝尖，基部狭而下延，缘有钝齿，革质，脉腋有时有腺体。

花朵：花期 6~7 月。花白色，倒卵形，先端细裂如丝，如图 3-94 所示。

果实：果期 10~12 月。核果椭圆形，熟时暗紫色，如图 3-95 所示。

（2）最佳观赏期　四季观姿，老叶落叶前变红。

（3）同属其他常用种或品种　水石榕（别名：海南杜英、海南胆八树）、尖叶杜英（别名：毛果杜英）。

图 3-94　杜英（花）

图 3-95　杜英（果）

35. 大叶桉/桃金娘科 桉属

（1）观赏形态

株高及冠形：高 25~30m，树冠卵圆形。

干枝：树干挺直，干皮深褐色，粗厚，纵裂，稍软松，不剥落，有不规则斜裂沟。嫩枝有棱，小枝初生淡红色，渐变为褐色。

叶片：幼叶卵形，成熟叶卵状长椭圆形或广披针形，全缘，革质。

花朵：花期4～9月。伞形花序粗大，有花4～8朵，如图3-96所示。

果实：果期6～12月，蒴果碗状。

（2）最佳观赏期　四季观姿，如图3-97所示。

（3）同属其他常用种或品种　柠檬桉。

图3-96　大叶桉（花）

图3-97　大叶桉（形）

36. 蒲桃/桃金娘科 蒲桃属

（1）观赏形态

株高及冠形：高达10m，树冠球形。

干枝：干皮浅褐色，平滑，枝开展，老枝红褐色，小枝于节部压扁。

叶片：对生，矩圆状披针形或披针形，侧脉至近缘处汇合，先端渐尖，全缘，革质而有光泽。

花朵：花绿白色，花瓣分离，阔卵形，如图3-98所示。

果实：果球形或卵形，淡绿色或淡黄色，如图3-99所示。

图3-98　蒲桃（花）

图3-99　蒲桃（果）

（2）最佳观赏期　花期4～5月，果期7～8月。

（3）同属其他常用种或品种　海南蒲桃（别名：乌墨）。

37. 白千层/桃金娘科 白千层属

（1）观赏形态

株高及冠形：高达18m，树冠圆整。

干枝：干皮灰白色，厚而疏松，呈薄片状剥落，小枝有毛，如图 3-100 所示。

叶片：互生，扁平，革质，狭椭圆形或披针形，有纵脉 3～7 条及多数支脉，幼叶密被银毛。

花朵：穗状花序排成试管刷状，顶生，乳白色，如图 3-101 所示。

图 3-100　白千层（干）

图 3-101　白千层（花）

果实：蒴果木质，顶端 4 孔开裂。

（2）最佳观赏期　花期秋冬季，四季观姿。

（3）同属其他常用种或品种　千层金（别名：黄金香柳）。

38. 糖胶树/别名：黑板树、面条树/夹竹桃科 鸡骨常山属

（1）观赏形态

株高及冠形：高达 20m，树姿挺拔。

干枝：树干通直，全株乳汁丰富，枝轮生，无毛。

叶片：3～10 枚轮生，倒披针形，长 10～28cm，先端钝或钝圆，侧脉密生而平行，近水平横出至叶缘联结，如图 3-102 所示。

花朵：花冠白色，高脚碟状，端五裂。

果实：果期 10 月至次年 4 月。蓇葖果双生，分离，灰白色，细长下垂。

（2）最佳观赏期　花期 6～10 月。

图 3-102　糖胶树

【课题评价】

本课题学习及考核建议：常绿乔木识别的学习和考核，贯穿于平时调查、整理、动手操作的过程中。最终课程结束后，每位同学需建立和拥有属于自己的植物图片库、当地园林植物信息库，方便后期相关课程学习时进行查阅。具体植物种类及课题练习内容，任课教师可根据当地植物资源、常见应用种类及学生实际情况进行选择。

1. 调查整理本地区常见常绿乔木种类，并简单描述其识别特征（列表归纳，识别要点需要用自己的语言，简练概括进行描述）。

编　号	名　称	识别特征	花　期
1			
2			
…			

2. 收集整理常绿乔木电子图片库。

以小组形式，制作PPT上交。PPT制作要求：每一种常绿乔木的图片至少应包括株形、叶片、应用形式，并标注照片收集来源、场所及时间。

3. 手绘常见常绿乔木，并用彩色铅笔上色。

4. 制作常绿乔木标本。

课题2 落叶乔木

落叶乔木是指每年秋冬季节或干旱季节叶全部脱落的乔木，一般绝大多数都处于温带气候条件下，春季发芽、夏季繁茂、秋末至冬季落叶，少数树种可以带着枯叶而越冬。落叶是植物减少蒸腾、度过寒冷或干旱季节的一种适应，这一习性是植物在长期进化过程中形成的。落叶是由短日照引起的，其内部生长素减少，脱落酸增加，产生离层的结果。主要包括落叶针叶乔木和落叶阔叶乔木两大类。

一、落叶针叶乔木

1. 水杉/别名：梳子杉/杉科 水杉属

(1) 观赏形态

株高及冠形：高达40m，幼树树冠尖塔形，老树为广圆头形。

干枝：干通直高耸，基部膨大有明显纵棱，干皮淡棕红色至灰褐色，长条状片状开裂。大枝不规则轮生，小枝对生。

叶片：线性，扁平，长1~2cm，柔软，淡绿色，对生，羽毛状排列，冬季与无芽小枝同落，如图3-103所示。

花朵：花期2月下旬。雌雄同株，雌球花单生近枝顶，雄球花在小枝上排列成总状。

果实：果熟期当年11月。球果矩圆形，长1.8~2.5cm，下垂。

冬态：树冠致密，中心干为明显的宝塔状树形。

(2) 最佳观赏期　宝塔状的树形，夏季葱绿，秋末冬初金黄至砖红色，如图3-104所示。

图3-103　水杉（叶）

图3-104　水杉（形）

(3) 同属其他常用种或品种　金叶水杉。

2. 水松/别名：水松柏/杉科 水松属

图 3-105　水松

(1) 观赏形态

株高及冠形：高 8～16m，树冠圆锥形。

干枝：干基部常膨大，有膝状呼吸根，干皮松软，长条状剥落。枝条稀疏，大枝平展或斜伸，小枝绿色。

叶片：互生，有两种，一种是生芽之枝具鳞形叶，冬季不脱落；另一种是无芽之枝具针状叶，冬季与叶同落。

花朵：花期 1～2 月。雌雄同株，单生枝顶。

果实：果熟期 10～11 月。球果倒卵形，长 2～2.5cm。

冬态：树冠致密，中心干明显的自然式圆锥形。

(2) 最佳观赏期　圆锥树形，秋色褐红色，如图 3-105 所示。

3. 金钱松/别名：金松、水树/松科 金钱松属

(1) 观赏形态

株高及冠形：高达 40m，树冠阔圆锥形。

干枝：干皮赤褐色，狭长鳞片状剥离。大枝不规则轮生，平展，有明显长短枝。

叶片：线性，扁平，柔软鲜绿，在长枝上螺旋状互生，短枝上每 15～30 片叶轮状簇生，全形如铜钱。

花朵：花期 4～5 月。雌雄同株，雄球花数个簇生短枝顶端，黄色；雌球花多单生在树冠中部靠近主干的短枝顶端，紫红色。

果实：果熟期 10 月下旬。球果黄棕褐色，果鳞木质，熟时脱落。

冬态：树冠阔圆锥形。

(2) 最佳观赏期　春夏叶色青翠，秋季金黄色，如图 3-106 所示。

图 3-106　金钱松

4. 池杉/别名：池柏、沼杉/杉科 落羽杉属

(1) 观赏形态

株高及冠形：高达 25m，树冠尖塔形或圆柱形。

干枝：干基部膨大，常有屈膝状呼吸根，干皮厚，褐色，长条片状剥落。大枝向上伸展，当年生小枝绿色，细长略弯垂，二年生枝褐红色。

叶片：锥形略扁，长 4～10mm，螺旋状互生，贴近小枝。

花朵：花期 3～4 月，雌雄同株。

果实：球果圆球形，有短柄，向下斜垂，熟时褐黄色。

冬态：树冠尖塔形。

(2) 最佳观赏期　雄伟树姿，11 月叶片变赭黄色或多彩，如图 3-107 所示。

图 3-107　池杉

5. 落羽杉/别名：落羽松/杉科 落羽杉属

（1）观赏形态

株高及冠形：高达50m，幼年期树冠圆锥形，老树则开展成伞形。

干枝：干基部膨大，具膝状呼吸根，干皮赤褐色，长条状剥落。大枝近水平伸展，侧生短枝排列成二列。

叶片：线性，扁平，长1～1.5cm，排成羽状2列，上面中脉凹下，淡绿色，秋季变红褐色，与小枝同落。

花朵：花期4月下旬～5月，雌雄同株。

果实：果熟期10月。球果圆球形，熟时淡褐黄色。

冬态：树冠圆锥形。

（2）最佳观赏期 高大树姿，秋季叶片古铜色，如图3-108所示。

（3）同属其他常用种或品种 中山杉。

6. 华北落叶松/松科 落叶松属

（1）观赏形态

株高及冠形：高达30m，树冠圆锥形。

干枝：干皮暗灰褐色，呈不规则鳞状开裂。大枝平展，小枝梢略垂，1年生小枝淡黄褐色，较粗，径约1.5～2.5cm。

叶片：窄条形，扁平，长2～3cm，宽约1cm，长枝上螺旋状互生，短枝上簇生。

花朵：花期4～5月。

果实：果熟期10月。球果长卵圆形，长2～4cm，苞鳞暗紫色，微露出。

冬态：树冠圆锥形。

（2）最佳观赏期 树姿高大优美，秋季叶片变黄色，如图3-109所示。

图3-108 落羽杉

图3-109 华北落叶松

（3）同属其他常用种或品种　兴安落叶松、日本落叶松。

二、落叶阔叶乔木

1. 银杏/别名：白果树、公孙树/银杏科 银杏属

（1）观赏形态

株高及冠形：高达40m，青壮年期树冠圆锥形，老树则广卵形。

干枝：干皮灰褐色，深纵裂粗糙，主枝斜出，近轮生，枝有长枝和短枝。

叶片：折扇形，有二叉状叶脉，顶端常2裂，有长柄，在长枝上互生，在短枝上簇生。

花朵：花期4～5月。雌雄异株，球花生于短枝顶端的叶腋。

果实：果熟期9～10月。种子核果状，外种皮肉质，中种皮骨质，白色。

冬态：树干端直，树冠雄伟壮丽，长枝灰白色。

（2）最佳观赏期　树姿高大优美，秋季叶片金黄色，如图3-110所示。

（3）同属其他常用种或品种　金叶银杏。

图3-110　银杏

2. 毛白杨/别名：白杨/杨柳科 杨属

（1）观赏形态

株高及冠形：高达30m，树冠卵圆形或卵形。

干枝：树干端直，干皮幼时青白色，皮孔菱形，老时树皮纵裂，暗灰色，幼枝灰绿具灰白色毛，如图3-111所示。

叶片：三角状卵形，长10～15cm，表面光滑，背面密被白色绒毛，后渐脱落，叶柄扁平先端具腺体，叶缘有不整齐浅裂状齿，如图3-112所示。

图3-111　毛白杨（干）

图3-112　毛白杨（叶）

花朵：花期3～4月，叶前开花。雌雄异株，雌株花芽小且稀疏，雄株花芽大且密集。

果实：果熟期4月下旬。蒴果小，三角形。

冬态：树干端直，树姿高大雄伟。

（2）最佳观赏期 四季观赏树姿。

（3）同属其他常用种或品种 三倍体毛白杨、抱头毛白杨（别名：窄冠杨）、速生杨、银白杨、新疆杨、加拿大杨（别名：加杨）、钻天杨（别名：美杨）、小叶杨（别名：南京白杨）、青杨、河北杨（别名：椴杨）、辽杨、滇杨（别名：云南白杨）、胡杨。

3. 垂柳/别名：线柳、吊杨柳/杨柳科 柳属

（1）观赏形态

株高及冠形：高达18m，树冠开展，呈倒广卵形。

干枝：主干粗大，干皮灰黑色，纵裂。小枝细长下垂，褐色。

叶片：狭长披针形，缘有细锯齿，表面绿色，背面蓝灰绿色。

花朵：花期3～4月。雌花具1个腺体，雄花具2雄蕊、2腺体，如图3-113所示。

果实：果熟期4～5月。

冬态：树冠倒广卵形，小枝细长、柔软、下垂，随风飘扬。

（2）最佳观赏期 四季观赏树姿，尤以早春花叶萌动及开展期的黄嫩绿色，如图3-114所示。

图3-113 垂柳（花）

图3-114 垂柳（形）

（3）同属其他常用种或品种 金丝垂柳。

4. 旱柳/别名：柳树、立柳/杨柳科 柳属

（1）观赏形态

株高及冠形：高达20m，树冠卵圆形至倒卵形。

干枝：干皮灰黑色，纵裂，枝条直立或斜展。

叶片：披针形至狭披针形，缘有细锯齿，背面微被白粉。

花朵：花期3～4月。雌花背腹面各具1腺体，雄花具2雄蕊。

果实：果熟期4～5月。蒴果，种子细小，具白色丝状毛。

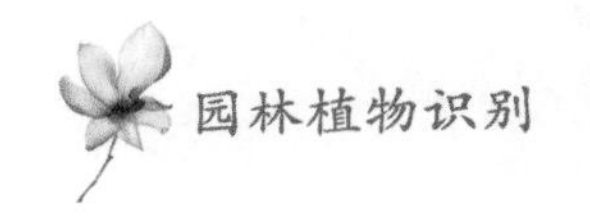

冬态：树冠饱满，卵圆形至倒卵形。

（2）最佳观赏期　四季观赏树姿。

（3）同属其他常用种或品种　龙须柳（别名：龙爪柳）、绦柳（别名：旱垂柳）、馒头柳、黄金柳。

5. 胡桃/别名：核桃/胡桃科 胡桃属

（1）观赏形态

株高及冠形：高达30m，树冠广卵形至扁球形。

干枝：干皮灰白色，老时深纵裂。小枝粗壮，无毛，枝髓片状。

叶片：羽状复叶互生，小叶5～9片，通常全缘，侧脉11～15对，背面脉腋有簇毛。

花朵：雌雄同株，雄花柔荑花序，生于去年生枝侧，雌花1～3朵成顶生穗状花序。

果实：核果球形，成对或单生，果核有不规则浅刻纹及2纵棱。

冬态：干皮及小枝灰白色，枝条粗壮，质感粗犷。

（2）最佳观赏期　花期4～5月，果熟期9～11月，如图3-115所示。

图3-115　胡桃

6. 枫杨/别名：枰柳、麻柳、白杨、元宝枫/胡桃科 枫杨属

（1）观赏形态

株高及冠形：高达30m，青年期树冠卵圆形，老时则广卵圆形。

干枝：干皮灰褐色，纵裂。枝髓片状，裸芽有柄。

叶片：奇数羽状复叶互生，小叶10～16片，长椭圆形，缘有细齿，顶生小叶有时不发育，叶轴上有狭翅。

花朵：花期4～5月，雌雄同株。

果实：坚果近球形，具2长翅，成串下垂，如图3-116所示。

冬态：树冠宽广。

（2）最佳观赏期　树姿高大雄伟，果熟期8～9月，如图3-117所示。

图3-116　枫杨（果）

图3-117　枫杨（形）

7. 白桦/桦木科 桦木属

（1）观赏形态

株高及冠形：高达25m，树冠卵圆形。

干枝：干皮白色，多层纸状剥离。小枝细，红褐色，外被白色蜡层。

叶片：菱状三角形，缘有不规则重锯齿，侧脉5～8对，背面有油腺点。

花朵：花期5～6月。

果实：果熟期8～10月。果序单生，下垂，圆柱形，长2.5～4.5cm，坚果小而扁，两侧具宽翅。

冬态：枝叶扶疏，树干修直、洁白。

（2）最佳观赏期　冬季观赏白色树干，如图3-118所示。

图3-118　白桦

8. 板栗/别名：毛栗、栗子/壳斗科 栗属

（1）观赏形态

株高及冠形：高达20m，树冠扁球形。

干枝：干皮灰褐色，交错深纵裂。小枝有毛，无顶芽。

叶片：长椭圆形，长9～18cm，缘齿剑芒状，背面有柔毛。

花朵：雄花序直立的柔荑花序，雌花生于雄花序之基部或单独成花序，如图3-119所示。

果实：总苞（壳斗）球形，密被针刺，内含坚果2～3粒，如图3-120所示。

图3-119　板栗（雄花序）

图3-120　板栗（果）

冬态：树冠广圆，小枝上常有宿存干枯叶片。

（2）最佳观赏期　树冠广圆，花期5～6月，果熟期9～10月。

9. 麻栎/别名：青冈、橡椀树/壳斗科 栎属

（1）观赏形态

株高及冠形：高达25m，树冠广卵形。

干枝：干皮灰褐色，交错深纵裂。小枝黄褐色，初有毛，后脱落，如图3-121所示。

叶片：长椭圆状披针形，长9~16cm，羽状侧脉直达齿端成刺芒状，表面光滑亮泽，背面绿色，近无毛。

花朵：雄花序为下垂柔荑花序。

果实：坚果球形，总苞碗状，鳞片木质刺状，反卷，如图3-122所示。

冬态：树冠广圆，小枝上常有宿存干枯叶片。

图3-121　麻栎（干）

图3-122　麻栎

（2）最佳观赏期　花期5月，果熟期为次年10月。

（3）同属其他常用种或品种　栓皮栎（别名：软木栎）、蒙古栎（别名：柞树）、辽东栎（别名：橡树、青冈）、槲树（别名：柞栎、波罗栎）、槲栎。

10. 榆树/别名：白榆、家榆/榆科 榆属

（1）观赏形态

株高及冠形：高达25m，树冠圆球形。

干枝：干皮暗灰色，纵裂，粗糙。小枝灰色，细长，排成二列鱼骨状。

叶片：卵状长椭圆，长2~8cm，基部歪斜，缘有不规则单锯齿。

花朵：花期3~4月，叶前开花，簇生于去年生枝上。

果实：果熟期4~6月。翅果近圆形，种子位于翅果中部，嫩果俗称“榆钱”，可食。

冬态：小枝细长密实，树冠球形，圆整饱满。

（2）最佳观赏期　四季观赏树姿，如图3-123所示。

（3）同属其他常用种或品种　金叶榆、垂枝榆、榔榆（别名：小叶榆）。

图3-123　榆树

11. 榉树/别名：大叶榉/榆科 榉属

（1）观赏形态

株高及冠形：高达25m，树冠倒卵状伞形。

干枝：干皮深灰色，不裂，老时薄鳞片状剥落后仍光滑。1年生小枝红褐色，密被柔毛。

叶片：卵状长椭圆形，长2～8cm，桃形锯齿整齐，表面粗糙，背面密生淡灰色柔毛。

花朵：花期3～4月。

果实：果熟期10～11月，坚果歪斜，有皱纹。

冬态：小枝细长密实，树冠近伞状，圆整饱满。

（2）最佳观赏期 四季观赏树姿，秋季叶片紫褐色或红褐色，如图3-124所示。

（3）同属其他常用种或品种 光叶榉。

图3-124 榉树

12. 朴树/别名：沙朴/榆科 朴属

（1）观赏形态

株高及冠形：高达20m，树冠扁球形。

干枝：小枝幼时有毛，后脱落。

叶片：卵状椭圆形，长4～8cm，基部不对称，中部以上有浅钝齿，表面有光泽，背面隆起有疏毛。

花朵：花期4月。

果实：果熟期9～10月。橙红色，径4～5mm，果柄与叶柄近等长。

冬态：小枝细长密实，树冠近球状，圆整饱满。

（2）最佳观赏期 四季观赏树姿，如图3-125所示。

（3）同属其他常用种或品种 小叶朴（别名：黑弹树）、珊瑚朴（别名：大果朴）。

图3-125 朴树

13. 桑树/别名：家桑/桑科 桑属

（1）观赏形态

株高及冠形：高达15m，树冠倒广卵形。

干枝：干皮灰褐色，根鲜黄色，小枝褐黄色，嫩枝及叶含乳汁。

叶片：单叶互生，卵形或广卵形，长5～15cm，缘锯齿粗钝，幼树之叶有时分裂，表面光滑亮泽，背面脉腋有簇毛。

花朵：花期4月，雌雄异株。

果实：聚花果（桑葚）圆筒形，熟时紫黑色、红色或白色。

冬态：小枝褐黄色。

（2）最佳观赏期 四季观赏树姿，果熟期5～6月，如图3-126所示。

（3）同属其他常用种或品种 龙桑。

图3-126 桑树

14. 构树/别名：楮/桑科 构树属

（1）观赏形态

株高及冠形：高达16m，树冠广卵圆形。

干枝：干皮浅灰色，不易开裂，幼年期有深色环纹。小枝密被丝状刚毛。全株含乳汁。

叶片：单叶互生，卵形，长8～20cm，不裂或有不规则深裂，缘有粗齿，两面密生柔毛。

花朵：花期4～5月，雌雄异株。

果实：聚花果球形，熟时橘红色。

冬态：小枝粗大，外形粗犷。

（2）最佳观赏期　四季观赏树姿，果熟期8～9月，如图3-127所示。

15. 无花果/别名：蜜果、文仙果/桑科 榕属

（1）观赏形态

株高及冠形：高达12m，大灌木或小乔木，树冠圆球状。

干枝：干皮灰色，光滑，小枝粗壮。

叶片：广卵形或近圆形，长10～20cm，常3～5掌状裂，边缘波状，表面粗糙，背面有柔毛，叶厚纸质。

花朵：花小，生于中空的肉质花序托内，形成隐头花序。

果实：隐花果梨形，熟时绿黄色或黑紫色。

冬态：干皮灰白，外形粗犷。

（2）最佳观赏期　四季观赏树姿，果熟期8～10月，如图3-128所示。

图3-127　构树

图3-128　无花果

16. 玉兰/别名：白玉兰、望春花/木兰科 木兰属

（1）观赏形态

株高及冠形：高15～20m，树冠卵形或近球形，如图3-129所示。

干枝：树干通直，干皮灰色，不裂。枝具环状托叶痕，幼枝及芽有柔毛。

叶片：单叶互生，全缘，倒卵状椭圆形，长8～18cm，先端突尖而短钝。

花朵：花大，花萼、花瓣相似，共9片，纯白色，厚而肉质，有香气。

果实：果熟期9～10月，聚合蓇葖果。

冬态：干直灰白，树形端直，冬芽似毛笔状，银灰色。

（2）最佳观赏期：花期3～4月，叶前开花，如图3-130所示。

（3）同属其他常用种或品种　紫玉兰（别名：木兰、辛夷、木笔）、二乔玉兰（别名：朱砂玉兰）。

图 3-129 白玉兰（形）

图 3-130 白玉兰

17. 鹅掌楸/别名：马褂木/木兰科 鹅掌楸属

（1）观赏形态

株高及冠形：高达40m，树冠圆锥形。

干枝：树干通直，干皮灰白色，光滑。1年生小枝灰色，具环状托叶痕。

叶片：单叶互生，叶端常截形，两侧各具一凹裂，全形如马褂，叶背密生白粉状突起，无毛，如图3-131所示。

花朵：花期5~6月。黄绿色，杯状，花被片9，单生枝顶。

果实：果熟期10月，聚合果由带翅小坚果组成。

冬态：干直立向上，树体高大耸立。

（2）最佳观赏期 四季观赏高大挺拔树姿，如图3-132所示。

图 3-131 鹅掌楸

图 3-132 鹅掌楸（形）

（3）同属其他常用种或品种 北美鹅掌楸（别名：美国鹅掌楸）、杂种鹅掌楸。

18. 枫香/别名：枫树/金缕梅科 枫香属

（1）观赏形态

株高及冠形：高达40m，树冠广卵形或略扁平。

干枝：干皮灰色，浅纵裂，有眼状枝痕。

叶片：掌状3裂，缘有齿，基部心形，如图3-133所示。

花朵：花期3~4月。单性同株，无花瓣，头状花序。

果实：果熟期10月。木质蒴果，集成球形果序，下垂，如图3-134所示。

图3-133 枫香（叶）

图3-134 枫香（果）

冬态：干皮眼状枝痕，枝上偶有宿存木质蒴果。

（2）最佳观赏期 秋叶红色或黄色。

（3）同属其他常用种或品种 北美枫香。

19. 杜仲/别名：胶树、棉树皮/杜仲科 杜仲属

（1）观赏形态

株高及冠形：高达20m，树冠圆球形。

干枝：干皮灰白，老时浅裂。小枝光滑，无顶芽，具片状髓。

叶片：椭圆状卵形，长7~14cm，缘有锯齿，老叶表面网脉下陷，皱纹状，枝、叶、果实、树皮等断裂后有白色弹性丝相连。

花朵：单性异株，花期4月，叶前开放或与叶同放。

果实：果熟期10~11月。翅果，扁且薄，含1粒种子。

冬态：干皮灰白，树体器官断裂后有白色丝相连。

（2）最佳观赏期 四季观赏端直树姿，如图3-135所示。

图3-135 杜仲

20. 法桐/别名：三球悬铃木、法国梧桐/悬铃木科 悬铃木属

（1）观赏形态

株高及冠形：高达30m，树冠阔钟形。

干枝：干皮灰褐绿色至灰白色，薄片状剥落。幼枝、幼叶密生褐色星状毛，如图3-136所示。

叶片：5～7掌状裂，深裂达中部，叶柄下芽，有托叶，不足1cm，如图3-137所示。

图3-136 法桐（干）

图3-137 法桐（叶）

花朵：花期4～5月。雌雄同株，花密集成球形头状花序，黄绿色。
果实：果熟期9～10月。坚果聚合成球形，3～6球成一串，下垂，宿存花柱刺尖，如图3-138所示。
冬态：干皮斑驳状，枝上有宿存球形果实。
（2）最佳观赏期 四季观赏高大树姿、斑驳状干皮，如图3-139所示。

图3-138 法桐（果）

图3-139 法桐（形）

（3）同属其他常用种或品种 美桐（别名：一球悬铃木、美国梧桐）、英桐（别名：二球悬铃木、英国梧桐）。

21. 山楂/别名：山里红/蔷薇科 苹果亚科 山楂属

（1）观赏形态
株高及冠形：高达6m，树冠扁圆形。

干枝：干皮暗灰色，有浅黄色皮孔，常有枝刺。

叶片：单叶互生，长5~10cm，羽状5~9裂，裂缘有锯齿，两面沿脉疏生短柔毛；托叶大，呈蝶翅状。

花朵：白色，顶生伞房花序，如图3-140所示。

果实：梨果近球形，红色，表面皮孔白色，如图3-141所示。

冬态：树冠整齐，扁圆形。

（2）最佳观赏期　花期5~6月，果熟期10月。

图3-140　山楂（花）

图3-141　山楂（果）

22. 木瓜/别名：木梨、木冬瓜/蔷薇科 木瓜属

（1）观赏形态

株高及冠形：高达10m，青年期树冠长卵圆形或帚状，老树则近球形。

干枝：干皮成薄皮状剥落，枝无刺，短小枝常成棘状。

叶片：单叶互生，卵状椭圆形，长5~8cm，革质，缘有芒状锯齿。

花朵：叶后开花，单生叶腋，粉红色。

果实：梨果椭球形，长10~15cm，深黄色，木质，有香气，如图3-142所示。

冬态：干皮红褐色，斑驳状剥落，树冠帚状峭立。

（2）最佳观赏期　花期4~5月，果熟期8~10月，秋色叶近红色，如图3-143所示。

图3-142　木瓜（果）

图3-143　木瓜（形）

23. 海棠花/别名：海棠/蔷薇科 苹果属

（1）观赏形态

株高及冠形：高达8m，树冠峭立。

干枝：干皮灰色，小枝条红褐色。

叶片：椭圆形，长5～8cm，先端尖，缘具紧贴细锯齿，背面幼时有柔毛。

花朵：花蕾期艳红色，开放后呈淡粉红色至近白色，单瓣或重瓣，萼片较萼筒短或等长，三角状卵形，宿存。

果实：近球形，径约2cm，黄色，基部无凹陷。

冬态：树形峭立，枝条呈明亮的灰绿或红褐色。

（2）最佳观赏期　花期4～5月，果熟期8～9月，如图3-144所示。

图3-144　海棠花

（3）同属其他常用种或品种　西府海棠（别名：重瓣粉海棠）、垂丝海棠（别名：垂枝海棠）、北美海棠、冬红果海棠。

24. 紫叶李/别名：红叶李/蔷薇科 李属

（1）观赏形态

株高及冠形：高达7m，青年期树冠帚状峭立，老时开张呈卵圆形。

干枝：干皮暗灰色，多分枝，枝条细长，小枝暗红色，无毛。

叶片：卵状椭圆形，紫红色。

花朵：淡粉红色，较小，常单生，叶前开花或花叶同放。

果实：果熟期8～10月。球形，暗红色。

冬态：小枝细长致密，树冠饱满。

（2）最佳观赏期　花期4～5月，三季观赏紫色叶，如图3-145所示。

图3-145　紫叶李

25. 梅花/别名：梅、春梅、干枝梅/蔷薇科 李属

（1）观赏形态

株高及冠形：高达15m，树冠近圆形。

干枝：小枝细长，绿色光滑。

叶片：广卵形，先端尾尖或渐尖，基部近圆形，锯齿细尖，叶柄有腺体。

花朵：叶前开花，粉红、白或红色，近无花梗，芳香。

果实：果熟期5～6月。球形，绿黄色，果核面有较多凹点。

冬态：小枝绿色光滑。

（2）最佳观赏期　花期2～3月，如图3-146所示。

图3-146　梅花

（3）同属其他常用种或品种　直枝梅类、垂枝梅、龙

游梅类、杏梅类、樱李梅类。

26. 桃花/别名：桃/蔷薇科 李属

（1）观赏形态

株高及冠形：高达8m，树冠扁圆球形。

干枝：干皮红褐色或褐色，浅裂。小枝较细，半边红褐色，半边绿色，光滑无毛。

叶片：长椭圆状披针形，缘具细锯齿，叶柄具腺体。

花朵：叶前开花，粉红色，近无柄。

果实：近球形，肉厚而多汁，表面有柔毛。

冬态：树形开张，小枝细密，半边红褐色，半边绿色，具顶芽和并生侧芽，冬芽短圆锥形，有微毛。

（2）最佳观赏期　花期3～4月，果熟期6～9月，如图3-147所示。

（3）同属其他常用种或品种　碧桃、垂枝桃、紫叶桃、菊花桃、寿星桃、山桃。

27. 樱花/别名：山樱桃/蔷薇科 李属

（1）观赏形态

株高及冠形：高15～25m，树冠倒钟形。

干枝：干皮暗栗褐色，光滑，有唇状皮孔。小枝无毛，腋芽单生。

叶片：卵形至卵状椭圆形，边缘具芒状锯齿，叶表面深绿色而有光泽，背面淡绿，叶柄常有2～4个腺体。

花朵：三五朵成伞房状或总状花序，萼片水平开展，花瓣先端有缺刻，花白色或淡粉红色。

果实：果熟期7月，核果球形，黑色。

冬态：干皮红褐且亮泽，唇状皮孔。

（2）最佳观赏期　叶前开花，花期3～5月，如图3-148所示。

图3-147　桃花

图3-148　樱花

（3）同属其他常用种或品种　东京樱花（别名：日本樱花、江户樱）、晚樱（别名：里樱）、早樱（别名：彼岸樱）、垂枝樱（别名：丝樱、垂彼岸樱或八重樱）、云南樱、大山樱。

28. 苹果/别名：频婆、柰子/蔷薇科 苹果属

（1）观赏形态

株高及冠形：高达15m，树冠圆形。

干枝：干皮灰褐色或紫褐色，小枝紫褐色，幼时密生绒毛，后变光滑。
叶片：卵状椭圆形，缘齿圆钝，背面有柔毛。
花朵：花蕾期粉红，开放后渐变白色或带红晕，萼片长且尖，宿存。
果实：果大，略扁之球形。
冬态：干皮灰褐色，冬芽卵形，先端钝，密被短柔毛。
(2) 最佳观赏期　花期4~5月，果熟期7~10月，如图3-149所示。

29. 白梨/别名：梨树/蔷薇科 梨属

(1) 观赏形态
株高及冠形：高达8m，树冠宽广圆形。
干枝：主干在幼树期树皮光滑，树龄增大后树皮变粗，纵裂或剥落。小枝粗壮，嫩枝无毛或具有茸毛，后脱落，2年生以上枝灰黄色至紫褐色。
叶片：卵状椭圆形，表面光滑亮泽，缘有刺芒状尖锯齿，齿端微向内曲。
花朵：叶前开花或花叶同放，伞形总状花序。花白色，花瓣具爪，近圆形，花药常红色。
果实：卵形或近球形，黄色或黄白色，有细密斑点。
冬态：小枝粗壮，冬芽具有覆瓦状鳞片，一般为11~18个，花芽较肥圆，呈棕红色或红褐色，稍有亮泽。
(2) 最佳观赏期　花期4~5月，果熟期8~9月，如图3-150所示。

图3-149　苹果

图3-150　白梨

30. 杏/别名：杏花、杏子/蔷薇科 李属

(1) 观赏形态
株高及冠形：高达10m，树冠圆球形。
干枝：干皮红褐色或褐色，浅裂。小枝红褐色，无毛。
叶片：广卵形，缘具钝锯齿，叶柄常带红色，具2腺体。
花朵：单生，淡粉红色或近白色，花萼5，反曲，近无柄。
果实：球形，具纵沟，黄色或带红晕，光滑，果核两侧扁，平滑。
冬态：干皮及小枝红褐色或褐色，小枝光滑，无顶芽，冬芽2~3枚簇生。
(2) 最佳观赏期　花期3~4月，果熟期6月，如图3-151所示。

图3-151　杏

31. 合欢/别名：芙蓉树/含羞草科 合欢属

（1）观赏形态

株高及冠形：高10~16m，树冠开展伞形，如图3-152所示。

干枝：幼时干皮浅灰色，老时开裂，小枝无毛。

叶片：二回偶数羽状复叶互生，小叶中脉常偏于一边，镰刀形，夜合昼展。

花朵：头状花序排成伞房状，具细长柄，花丝粉红色，细长如绒缨，基部合生。

果实：果熟期9~10月，荚果扁平。

冬态：树冠伞形，干皮浅灰色，荚果常少量宿存挂于枝上。

（2）最佳观赏期 花期6~7月，如图3-153所示。

图3-152 合欢（形）

图3-153 合欢（花）

（3）同属其他常用种或品种 紫叶合欢。

32. 刺槐/别名：洋槐/蝶形花科 槐树属

（1）观赏形态

株高及冠形：高达25m，树冠椭圆状倒卵形。

干枝：干皮深纵裂，灰黑色，枝具托叶刺。

叶片：奇数羽状复叶互生，小叶7~19，椭圆形，全缘，先端微凹有小刺尖。

花朵：白色，芳香，成下垂总状花序。

果实：果熟期10月，荚果扁平，条状。

冬态：枝条有托叶刺，大枝虬曲，与细密小枝对比强烈，常有干枯荚果宿存挂于枝上，冬芽藏于叶痕内。

（2）最佳观赏期 花期5月，15~20天，如图3-154所示。

（3）同属其他常用种或品种 红花刺槐、球冠无刺槐、金叶刺槐、香花槐。

图3-154 刺槐

33. 槐树/别名：国槐/蝶形花科 槐树属

（1）观赏形态

株高及冠形：高达25m，树冠圆球形。

干枝：干皮灰黑色，浅裂，1~2年生小枝绿色，有白色小皮孔。

叶片：奇数羽状复叶互生，小叶7~17，对生或近对生，卵状椭圆形，全缘。

花朵：顶生圆锥花序，花冠蝶形，黄白色。

果实：荚果在种子间缢缩成念珠状。

冬态：荚果宿存挂于枝梢，小枝深绿色。

（2）最佳观赏期 花期7~8月，果熟期10月，如图3-155所示。

（3）同属其他常用种或品种 龙爪槐、五叶槐（别名：蝴蝶槐）、金叶槐（别名：黄金槐、金枝槐）。

图3-155 槐树

34. 皂荚/别名：皂角/苏木科 皂荚属

（1）观赏形态

株高及冠形：高达30m，树冠圆球形。

干枝：干皮深灰色，光滑，树干及大枝具分枝圆刺，如图3-156所示。

叶片：一回偶数羽状复叶，小叶3~7对，卵状椭圆形，先端钝，缘有细锯齿。

花朵：花期4~5月。花小，总状花序。

果实：果熟期10月。荚果带状，直而扁平，较肥厚，长12~30cm，如图3-157所示。

图3-156 皂荚（干）

图3-157 皂荚（果）

冬态：树干及大枝上有分枝圆刺。

（2）最佳观赏期 四季观赏广阔圆整树冠。

（3）同属其他常用种或品种 金叶皂荚。

35. 椿树/别名：臭椿、樗、木砻树/苦木科 臭椿属

（1）观赏形态

株高及冠形：高达20~30m，树冠圆形。

干枝：干皮深灰色，不裂，小枝粗壮，无顶芽。

叶片：奇数羽状复叶互生，小叶13~25，卵状披针形，全缘，近基部有1~2对粗齿，齿端有臭腺点。

花朵：花期6~7月。花小，顶生圆锥花序。
果实：翅果长椭圆形。
冬态：小枝粗大，叶痕倒卵形，内具9维管束痕，翅果常宿存挂于枝梢。
（2）最佳观赏期　观赏树形，果熟期9~10月，如图3-158所示。

图3-158　臭椿

（3）同属其他常用种或品种　千头椿、红叶臭椿。

36. 楝树/别名：苦楝/楝科 楝属

（1）观赏形态
株高及冠形：高15~20m，树冠倒钟形，平顶。
干枝：干皮灰黑色，幼时光滑，老则浅纵裂，枝上皮孔明显。
叶片：二至三回奇数羽状复叶互生，小叶卵状椭圆形，长3~7cm，缘有钝齿或深浅不一的齿裂。
花朵：花较大，堇紫色，腋生圆锥花序。
果实：核果球形，熟时淡黄色，如图3-159所示。
冬态：果实宿存枝上，终冬不落。
（2）最佳观赏期　花期4~5月，果期10~11月，如图3-160所示。

图3-159　苦楝（果）

图3-160　苦楝（花）

37. 香椿/别名：香椿芽、香桩头、大红椿树、椿天/楝科 香椿属

（1）观赏形态
株高及冠形：高达25m，树冠圆形。

图3-161　香椿

干枝：干皮条片状剥裂，小枝有柔毛。

叶片：偶数羽状复叶互生，小叶10～22，对生，长椭圆状披针形，全缘或具不显钝齿，有香气。

花朵：花期6月。花小，顶生圆锥花序。

果实：果熟期10～11月。蒴果5瓣裂，长2.5cm，种子一端有长翅。

冬态：小枝粗大，叶痕大形，内有5维管束痕。

（2）最佳观赏期　早春新叶红色，如图3-161所示。

38. 黄栌/别名：红叶/漆树科 黄栌属

（1）观赏形态

株高及冠形：高达8m，树冠圆球形。

干枝：干皮及小枝红褐色，不裂。

叶片：单叶互生，倒卵形或近圆形，全缘，先端圆或微凹，侧脉二叉状，叶两面或背面有灰色柔毛，叶柄长。

花朵：花小、黄色，顶生圆锥花序，有柔毛，如图3-162所示。

果实：果序上有许多伸长成紫色羽毛状的不孕性花梗，核果小，肾形。

冬态：小枝细长，红褐色，木质部黄色，树汁有异味，少量灰褐果序宿存枝梢。

（2）最佳观赏期　花果期5～8月，秋叶红色，如图3-163所示。

图3-162　黄栌（花）

图3-163　黄栌（叶）

（3）同属其他常用种或品种　美国黄栌、紫叶黄栌。

39. 火炬树/别名：鹿角漆/漆树科 盐肤木属

（1）观赏形态

株高及冠形：高5～8m，树冠圆球形。

干枝：分枝少，小枝密生红褐色的长绒毛。

叶片：羽状复叶互生，小叶11～31，长椭圆状披针形，缘有锯齿。

花朵：花期6～7月。雌雄异株，花淡绿色；顶生圆锥花序，密生，有毛。

果实：果熟期8～9月。果深红色，有毛，密集成圆锥状火炬形果穗。

冬态：小枝粗大，密生红褐色绒毛，果穗常宿存。

（2）最佳观赏期　秋叶红艳，果穗红色，如图3-164

图3-164　火炬树

所示。

40. 黄连木/别名：楷木、楷树/漆树科 黄连木属

（1）观赏形态

株高及冠形：高25～30m，树冠近圆球形。

干枝：干皮薄片状剥落，小枝有柔毛。

叶片：偶数羽状复叶互生，小叶10～14，卵状披针形，基部偏斜，全缘，如图3-165所示。

花朵：叶前开花，雌雄异株，圆锥花序，雄花序淡绿色，雌花序紫红色。

果实：核果球形，初为黄白色，后变为红色至蓝紫色。

冬态：少量蓝紫色果实宿存枝上，或树下遍地，冬芽红褐色。

（2）最佳观赏期　花期3～4月，果熟期9～11月，秋叶红艳或橙黄色，如图3-166所示。

图3-165　黄连木（叶）

图3-166　黄连木

41. 乌桕/别名：腊子树、木子树/大戟科 乌桕属

（1）观赏形态

株高及冠形：高达15m，树冠圆球形。

干枝：干皮暗灰色，浅纵裂，小枝纤细。

叶片：单叶互生，纸质，羽状脉，菱状广卵形，含白色有毒汁液。先端尾尖，基部广楔形，全缘，两面光滑无毛，叶柄细长，顶端有2腺体。

花朵：顶生穗状花序，基部为雌花，上部为雄花，花小，黄绿色。

果实：蒴果3瓣裂，种子黑色，外被白蜡层。

冬态：小枝含白色有毒汁液，黑色种子冬季常宿存枝上。

（2）最佳观赏期　花期5～7月，果熟期10～11月，秋叶红艳，如图3-167所示。

图3-167　乌桕

42. 丝绵木/别名：白杜、明开夜合、桃叶卫矛/卫矛科 卫矛属

（1）观赏形态

株高及冠形：高6～8m，树冠圆形或卵圆形。

干枝：小枝细长，绿色，四棱状，光滑。

叶片：单叶对生，菱状椭圆形，下垂。先端长锐尖，基部近圆形，缘有细锯齿；叶柄细长，约2～3cm。

花朵：花期5月。淡绿色，3～7朵腋生，成聚伞花序。

果实：蒴果粉红色，4深裂，种子具橘红色假种皮。

冬态：小枝细长，绿色，或带红晕，少量蒴果宿存枝上。

（2）最佳观赏期　果熟期10月，粉红色。秋叶红艳，如图3-168所示。

图3-168　丝绵木

43. 鸡爪槭/别名：鸡爪枫、槭树/槭树科 槭树属

（1）观赏形态

株高及冠形：高6～15m，树冠伞形。

干枝：干皮光滑，灰褐色，小枝细长，光滑。

叶片：单叶对生，掌状5～9浅裂，裂片卵状披针形，先端尾尖，缘有重锯齿，背面脉腋有白簇毛，如图3-169所示。

花朵：花期4～5月。杂性，紫色，伞房花序顶生。

果实：果熟期9～10月。翅果无毛，两翅展开成钝角。

冬态：小枝细长，红或灰褐色，柔软，细密。

（2）最佳观赏期　早春、秋季叶色红艳，如图3-170所示。

（3）同属其他常用种或品种　红枫（别名：紫红鸡爪槭）。

图3-169　鸡爪槭（叶）

图3-170　鸡爪槭（形）

44. 元宝枫/别名：平基槭、华北五角枫/槭树科 槭树属

（1）观赏形态

株高及冠形：高达10m，树冠倒广卵形。

干枝：干皮灰黄色，浅纵裂，小枝浅土黄色，光滑无毛。

叶片：单叶对生，掌状5裂，有时中裂片又3裂。叶基部截形，最下部两裂片有时向下开展，叶柄细长，约3～5cm，如图3-171所示。

花朵：花期4月，花叶同放。花小，黄绿色，成顶生聚伞花序。

果实：果熟期8～9月。翅果扁平，翅较宽而略长于果核，形似元宝。

冬态：小枝土黄色，光滑，少许翅果残留枝上。

（2）最佳观赏期　早春嫩叶红色，秋季叶色红色或橙黄色，如图3-172所示。

图3-171　元宝枫（叶、果）

图3-172　元宝枫（形）

（3）同属其他常用种或品种　三角枫（别名：三角槭）、五角枫（别名：色木、地锦槭）、中华槭（别名：丫角槭、五裂槭）、挪威槭、银槭、茶条槭、复叶槭（别名：羽叶槭、梣叶槭）、美国红枫（别名：红花槭、北美红枫）。

45. 七叶树/别名：梭椤树/七叶树科 七叶树属

（1）观赏形态

株高及冠形：高达25m，树冠卵圆形。

干枝：干皮灰褐色，片状剥落。小枝粗壮，栗褐色，光滑。

叶片：掌状复叶对生，小叶通常7，倒卵状长椭圆形，叶缘有锯齿，如图3-173所示。

花朵：顶生圆柱状圆锥花序，杂性同株，花瓣4，白色，如图3-174所示。

图3-173　七叶树（叶）

图3-174　七叶树（花）

果实：蒴果球形，黄褐色，粗糙，无刺，无突出尖头，内含1～2粒种子，形如板栗。

冬态：树干直立，小枝粗大，顶芽大，具树脂。

（2）最佳观赏期　花期5月，果熟期9～10月。

（3）同属其他常用种或品种　欧洲七叶树、日本七叶树。

46. 栾树/别名：木栾、栾华/无患子科 栾树属

（1）观赏形态

株高及冠形：高15～20m，树冠近圆球形，如图3-175所示。

干枝：干皮灰褐色，细纵裂，小枝稍有棱，无顶芽，皮孔明显。

叶片：一回至二回奇数羽状复叶互生，小叶卵形，有不规则粗齿或羽状深裂。

花朵：花小，金黄色，顶生圆锥花序宽且疏散，如图3-176所示。

图3-175　栾树（形）

图3-176　栾树（花）

果实：蒴果三角状卵形，果皮膜质膨大，成熟时红褐色或橘红色，如图3-177所示。

冬态：小枝无顶芽，皮孔明显。

（2）最佳观赏期　花期6～7月，果期9～10月。

（3）同属其他常用种或品种　黄山栾（别名：全缘栾树、山膀胱）。

图3-177　栾树（果）

47. 文冠果/别名：文冠木、文官果/无患子科 文冠果属

（1）观赏形态

株高及冠形：高5～8m，常见多为3～5m，丛生状，树冠倒钟形。

干枝：干皮灰褐色，粗糙，条裂。小枝幼时紫褐色，有毛，后脱落。

叶片：奇数羽状复叶互生，小叶9～19，近对生，长椭圆形至披针形，缘有锐锯齿，表面光滑亮泽。

花朵：顶生总状或圆锥花序，花叶同放，花瓣5，白色，基部有由黄变红之斑晕，缘有皱波。

果实：蒴果椭圆形，木质，3瓣裂。

冬态：小枝褐红色，粗壮。

（2）最佳观赏期　花期4～5月，持续20～30天，果期8～9月，如图3-178所示。

图3-178　文冠果

（3）同属其他常用种或品种　紫花文冠果。

48. 紫椴/别名：籽椴/椴树科 椴树属

（1）观赏形态

株高及冠形：高15～25m，树冠广卵形至扁球形。

干枝：干皮灰色，小枝无毛。

叶片：单叶互生，掌状脉，广卵形或卵圆形。先端尾尖，基部心形，叶缘锯齿有尖头，较整齐，背面脉腋有簇毛，如图3-179所示。

花朵：花序梗基部与一大舌状苞片结合约1/2，苞片无梗，矩圆形或广披针形，如图3-180所示。

图3-179　紫椴（叶）

图3-180　紫椴（花）

果实：果熟期9～10月。坚果卵球形，无纵棱，密被褐色毛。

冬态：主干直立，树姿高大雄伟，冬芽大且圆钝。

（2）最佳观赏期　花期6～7月。

（3）同属其他常用种或品种　糠椴（别名：大叶椴、辽椴）、蒙椴（别名：小叶椴）。

49. 木槿/别名：木棉、朝开暮落花/锦葵科 木槿属

（1）观赏形态

株高及冠形：高3～6m，树冠帚形。

干枝：干皮灰色，小枝幼时密被绒毛，后渐脱落。

叶片：单叶互生，菱状卵形，掌状脉，常3裂，缘有粗齿或缺刻，光滑无毛。

花朵：单生叶腋，有淡紫、红、白等色，朝开暮落。

果实：果熟期9~11月。蒴果卵圆形，5裂，密生星状绒毛；种子有毛。

冬态：常有开裂蒴果宿存挂于枝上，小枝密集，树冠帚状。

（2）最佳观赏期 花期7~9月，如图3-181所示。

50. 流苏树/别名：四月雪、萝卜丝花/木犀科 流苏树属

（1）观赏形态

株高及冠形：高达20m，树冠圆球形。

干枝：老干薄皮状浅裂，小枝灰褐色或黑灰色，圆柱形，开展。

叶片：革质或薄革质，长圆形或椭圆形，先端圆钝，有时凹入或锐尖，基部圆或宽楔形至楔形，稀浅心形，全缘或有小锯齿，叶缘稍反卷。

花朵：聚伞状圆锥花序，顶生于枝端。苞片线形，单性且雌雄异株或为两性花。花梗纤细，花萼4深裂，裂片尖三角形或披针形，花冠白色，4深裂，裂片线状倒披针形。

果实：果期6~11月。椭圆形，被白粉，呈蓝黑色或黑色。

冬态：树冠圆整，老干皮棕色，薄片状浅裂。

（2）最佳观赏期 花期4~6月，如图3-182所示。

图3-181 木槿

图3-182 流苏树

51. 梧桐/别名：青桐/梧桐科 梧桐属

（1）观赏形态

株高及冠形：高15~20m，树冠卵圆形。

干枝：树干端直，干皮灰绿色，光滑。小枝粗壮，翠绿色。

叶片：单叶互生，掌状3~5裂，长15~20cm，基部心形，裂片全缘。

花朵：单性同株，顶生圆锥花序，无花瓣，萼片5，淡黄绿色。

果实：蓇果，在成熟前开裂成5舟形膜质心皮，种子大如豌豆，着生于心皮的裂缘，如图3-183所示。

冬态：干皮灰绿，小枝粗壮，翠绿或淡绿色。

（2）最佳观赏期 花期6~7月，果熟期9~10月，如图3-184所示。

图 3-183　梧桐（果）

图 3-184　梧桐（形）

52. 柽柳/别名：三春柳、西湖柳、观音柳/柽柳科 柽柳属

（1）观赏形态

株高及冠形：高 2～5m，树冠扁圆状。

干枝：干皮红褐色，小枝细长下垂，带紫色。

叶片：互生，卵状披针形，细小，鳞片状，长 1～3mm。

花朵：春季总状花序侧生于去年生枝上，花小，夏、秋季总状花序生于当年生枝上，并集成顶生圆锥花序，花为粉红色。

果实：果熟期 10 月。

冬态：小枝细长下垂，密生。

（2）最佳观赏期　花期 5～9 月，如图 3-185 所示。

图 3-185　柽柳

53. 桂香柳/别名：沙枣、银柳/胡颓子科 胡颓子属

（1）观赏形态

株高及冠形：高 5～10m，树冠圆形。

干枝：幼枝银白色，被银白色盾状鳞，老枝栗褐色，有时具枝刺，被黄褐色盾状鳞。

叶片：互生，具长柄，长椭圆状至狭披针形，似柳，背面或两面银白色，如图 3-186 所示。

花朵：两性或杂性，花被外面银白色，里面黄色，芳香似桂，1～3 朵腋生。

果实：核果黄色，椭圆形，似枣，果肉粉质，香甜可食。

冬态：干皮具银白色盾状鳞。

（2）最佳观赏期　花期 6 月前后，果熟期 9～10 月，如图 3-187 所示。

图 3-186 桂香柳（叶、花）

图 3-187 桂香柳（形）

54. 紫薇/别名：百日红、痒痒树/千屈菜科 紫薇属

（1）观赏形态

株高及冠形：高达 7m，树冠不整齐。

干枝：干皮淡褐色，薄片状剥落后特别光滑，老时多扭曲，小枝四棱状。

叶片：对生或近对生，椭圆形，全缘，近无柄。

花朵：顶生圆锥花序，花色亮粉红至紫红色，花瓣 6，皱波状或细裂状，具长爪。

果实：果熟期 10 ~ 11 月。蒴果近球形，6 瓣裂。

冬态：干皮斑驳状，光滑，稍扭曲状。

（2）最佳观赏期 花期 7 ~ 9 月，如图 3-188 所示。

（3）同属其他常用种或品种 银薇、翠薇、红薇、蓝薇、红叶紫薇、矮紫薇、福建紫薇（别名：浙江紫薇）。

图 3-188 紫薇

55. 石榴/别名：安石榴、海榴/石榴科 石榴属

（1）观赏形态

株高及冠形：高 5 ~ 7m，树冠倒卵形，常不整齐。

干枝：干皮灰褐色，老时常扭曲，有凸起。小枝有角棱，先端常成刺状。

叶片：倒卵状长椭圆形，全缘，无毛且亮泽，长枝上对生，短枝上簇生。

花朵：花朱红色，单生枝端，如图 3-189 所示。

果实：浆果近球形，古铜色，具宿存花萼。种子多数，有肉质外种皮，如图 3-190 所示。

冬态：芽小细长，具 2 芽鳞，小枝先端有刺尖。

（2）最佳观赏期 花期 5 ~ 7 月，果熟期 9 ~ 10 月，如图 3-191 所示。

图 3-189 石榴（花）

图 3-190　石榴（果）

图 3-191　石榴（形）

56. 珙桐/别名：鸽子树/蓝果树科 珙桐属

（1）观赏形态

株高及冠形：高达 20m，树冠圆锥形。

图 3-192　珙桐

干枝：干皮深灰褐色，呈不规则薄片状脱落。

叶片：单叶互生，广卵形，先端渐长尖，基部心形，缘有粗尖锯齿，背面密生丝状绒毛。

花朵：杂性同株，顶生头状花序，仅 1 朵两性花，其余为雄花，花序下有 2 枚白色叶状大苞片，椭圆状卵形，似白色鸽子。

果实：果熟期 10 月。核果椭圆形，紫绿色，锈色皮孔明显，具 3 ~ 5 核。

冬态：干枝有不规则薄片状脱落。

（2）最佳观赏期　花期 4 ~ 5 月，如图 3-192 所示。

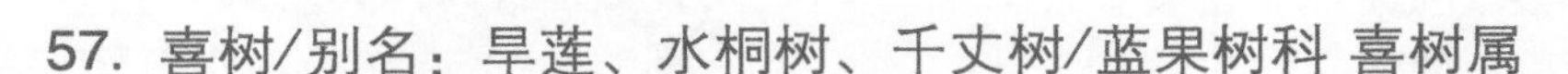

57. 喜树/别名：旱莲、水桐树、千丈树/蓝果树科 喜树属

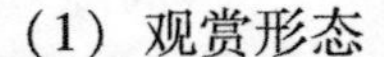

（1）观赏形态

株高及冠形：高 25 ~ 30m，树冠卵圆形。

图 3-193　喜树

干枝：干皮灰色，纵裂成浅沟状。小枝圆柱形，平展，当年生枝紫绿色，多年生枝灰褐色。

叶片：单叶互生，椭圆形，纸质，先端突渐尖，全缘，羽状脉弧形而下凹，叶柄及背脉均带红晕。

花朵：杂性同株，头状花序球形，具长总梗，常数个组成总状复花序。

果实：坚果近方柱形，聚生成球形果序。

冬态：冬芽腋生，锥形，有 4 对卵形的鳞片，外具短柔毛。

（2）最佳观赏期　花期 6 ~ 7 月，果熟期 9 ~ 11 月，如图 3-193 所示。

58. 山茱萸/别名：山萸肉、肉枣/山茱萸科 山茱萸属

（1）观赏形态

株高及冠形：高达 10m，树冠圆形。

干枝：干皮灰褐色，片状剥落，嫩枝绿色。

叶片：单叶对生，卵状椭圆形，先端渐尖，基部圆形，全缘，弧形侧脉6~7对；表面疏生平伏毛，背面被白色平伏毛，脉腋有黄簇毛。

花朵：叶前开花，花小，鲜黄色，成伞形头状花序，如图3-194所示。

果实：核果椭圆形，成熟后红色，如图3-195所示。

冬态：干皮片状剥落。

（2）最佳观赏期　花期3~4月，果熟期8~9月，如图3-196所示。

图3-194　山茱萸（花）

图3-195　山茱萸（果）

图3-196　山茱萸（形）

59. 毛梾木/别名：车梁木/山茱萸科 梾木属

（1）观赏形态

株高及冠形：高15~30m，树冠卵圆形。

干枝：干皮暗灰色，常纵裂成长条，幼枝有灰白色平伏毛。

叶片：单叶对生，椭圆形，两面被平伏柔毛。

花朵：伞房状聚伞花序顶生，花白色，有香气。

果实：核果近球形，成熟后黑色。

冬态：干皮常纵裂成长条，幼枝有灰白色平伏毛。冬芽腋生，扁圆锥形，被灰白短柔毛。

（2）最佳观赏期　花期5月，果熟期9~10月，如图3-197所示。

图3-197　毛梾木

60. 柿树/别名：朱果、猴果、米果/柿树科 柿树属

（1）观赏形态

株高及冠形：高达15m，树冠阔椭圆形。

干枝：干皮方块状开裂，小枝有褐色短柔毛。

叶片：单叶互生，椭圆状倒卵形，全缘，革质，背面及叶柄有柔毛。

花朵：花期5~6月。单性异株或杂性同株，雄花成聚伞花序，雌花单生，如图3-198所示。

果实：浆果大，扁球形，熟时橙黄色或橘红色，膨大宿存的萼4裂。

冬态：干皮灰黑色，干皮方块状裂，芽卵状扁三角形。

（2）最佳观赏期　果熟期9~10月，秋季叶片变亮红色，如图3-199所示。

图3-198　柿树（花）

图3-199　柿树

（3）同属其他常用种或品种　君迁子（别名：软枣、黑枣）。

61. 白蜡/别名：梣、青榔木、白荆树/木犀科 白蜡属

（1）观赏形态

株高及冠形：高达15m，树冠圆球形。

干枝：干皮较光滑，灰色，小枝节部和节间扁压状。

叶片：羽状复叶对生，小叶通常7，卵状长椭圆形，先端尖，缘有钝齿，背脉有短柔毛。

花朵：花期4月。单性异株，无花瓣，圆锥花序顶生或侧生于当年生枝上。

果实：果熟期9~10月。翅果，倒披针形，如图3-200所示。

冬态：冬芽灰色，小枝粗大，老树上小枝向下弯曲。

（2）最佳观赏期　秋季叶片金黄色。

（3）同属其他常用种或品种　“金叶”白蜡、“红叶”白蜡、大叶白蜡（别名：花曲柳）、湖北白蜡（别名：对节白蜡）、水曲柳、洋白蜡（别名：宾州白蜡）、绒毛白蜡。

图3-200　白蜡（果）

62. 暴马丁香/别名：暴马子/木犀科 丁香属

（1）观赏形态

株高及冠形：高达8m，树冠圆形。

干枝：干皮上皮孔显著，多不直，小枝细。

叶片：单叶对生，卵圆形，基部近圆形或亚心形，叶面网脉明显凹陷，而在背面显著隆起，全缘，叶表深绿色。

花朵：白色，圆锥花序大且疏散，香味浓烈，如图3-201所示。

果实：果熟期9~10月。蒴果，先端钝。

冬态：假二叉分支，蒴果少量宿存枝上。

（2）最佳观赏期　花期5月末~6月，如图3-202所示。

图3-201　暴马丁香（花）

图3-202　暴马丁香（形）

63. 泡桐/别名：白花泡桐/玄参科 泡桐属

（1）观赏形态

株高及冠形：高达20~25m，树冠圆形。

干枝：干皮光滑，小枝粗壮，中空。

叶片：单叶对生，心状长卵形，全缘，基部心形，表面光滑，背面有柔毛。

花朵：顶生狭圆锥花序，花冠漏斗状，外面白色，里面淡黄色并有大小紫斑。

果实：果熟期8~9月。蒴果木质，长椭球形，如图3-203所示。

冬态：干直挺拔，小枝粗大，冬芽较大，倒卵形。

（2）最佳观赏期　花期4~5月。

（3）同属其他常用种或品种　紫花泡桐（别名：毛泡桐）。

图3-203　泡桐

64. 楸树/别名：萩、金丝楸、梓桐/紫葳科 梓树属

（1）观赏形态

株高及冠形：高20~30m，树冠狭圆锥形。

干枝：干皮深灰色，纵裂，小枝无毛。

叶片：对生或轮生，卵状三角形，叶背面基部有2个紫斑。

花朵：顶生总状花序，花冠白色，内有紫斑。

果实：蒴果细长，长25~50cm，径5mm，下垂。

冬态：树干通直，树冠紧凑密集，不开张。

（2）最佳观赏期　花期5～6月，果期6～10月，如图3-204所示。
（3）同属其他常用种或品种　梓树（别名：花楸、水桐、河楸）、黄金树（别名：白花梓树）。

65. 凤凰木/别名：红花楹树、凤凰树、火树/苏木科 凤凰木属

（1）观赏形态
株高及冠形：高达20m，树冠扁圆形，开展如伞状。
干枝：干皮粗糙，灰褐色。分枝多且开展，小枝常被短柔毛并有明显的皮孔。
叶片：二回偶数羽状复叶互生，羽片10～20对，对生。小叶20～40对，长椭圆形，端钝圆，基部歪斜，两面有毛。
花朵：总状花序伞房状，花瓣5，鲜红色，有长爪。
果实：果期8～10月。荚果带状，木质，长30～50cm。
冬态：分枝多，开展如伞状。
（2）最佳观赏期　花期5～8月，如图3-205所示。

图3-204　楸树

图3-205　凤凰木

66. 木棉/别名：红棉、英雄树、攀枝花/木棉科 木棉属

（1）观赏形态
株高及冠形：高达40m，树冠阔卵圆形。
干枝：干直，大枝轮生，平展，干皮灰白色，幼树的树干及枝条有圆锥状的粗刺，如图3-206所示。
叶片：掌状复叶互生，小叶5～7片，长圆状披针形，顶端渐尖，全缘，无毛，羽状侧脉15～17对。
花朵：花大，红色，聚生枝端，如图3-207所示。
果实：果熟期6～7月。蒴果长椭圆形，木质，内有绵毛。
冬态：主干粗大端直。

图3-206　木棉（干）

图3-207　木棉（花）

（2）最佳观赏期 花期2～3月，先叶开放。

67. 无患子/别名：洗手果、皮皂子、木患子/无患子科 无患子属

（1）观赏形态

株高及冠形：高达25m，树冠圆球形。

干枝：干皮灰白，平滑不裂。小枝无毛，皮孔多而明显。

叶片：偶数（罕为奇数）羽状复叶互生，小叶8～14对，互生或近对生，卵状长椭圆形，全缘，先端尖，基部歪斜，如图3-208所示。

花朵：花期5～6月。顶生圆锥花序，花小，黄或淡紫色，花瓣5，有长爪。

果实：果期10月。核果肉质，球形，熟时褐黄色，如图3-209所示。

图3-208 无患子（叶）

图3-209 无患子（果）

冬态：大枝与树冠广展，干皮灰色光滑。

（2）最佳观赏期 植株高大开展，秋叶金黄。

【课题评价】

本课题学习及考核建议：落叶乔木识别的学习和考核，贯穿于平时调查、整理、动手操作的过程中。最终课程结束后，每位同学需建立和拥有属于自己的植物图片库、当地园林植物信息库，方便后期相关课程学习时进行查阅。具体植物种类及课题练习内容，任课教师可根据当地植物资源、常见应用种类及学生实际情况进行选择。

1. 调查整理本地区常见落叶乔木种类，并简单描述其识别特征（列表归纳，识别要点需要用自己的语言，简练概括进行描述）。

编　号	名　称	识别特征	花　期
1			
2			
…			

2. 收集整理落叶乔木电子图片库。

以小组形式，制作PPT上交。PPT制作要求：每一种落叶乔木的图片至少应包括株形、叶片、应用形式，并标注照片收集来源、场所及时间。

3. 手绘常见落叶乔木，并用彩色铅笔上色。

4. 制作落叶乔木标本。

课题3 常绿灌木

常绿灌木是指全年保持叶片不脱落，叶色不变化，无明显主干呈丛生状，株高不超过6m的低矮木本植物，根据叶片形态不同分为常绿针叶灌木、常绿阔叶灌木；根据叶片颜色差异，可分为绿色叶类、红色叶类、黄色叶类、斑叶类。以下主要介绍常绿灌木自然生长状态下的形态特征，识别的关键要掌握叶片的形态、颜色，次之是花朵、株形、干枝特点。在园林应用中，常绿灌木通常采用散植、片植、带植、丛植等方法，通过人工修剪整形，营造绿篱、模纹、色块、球体、造型等，作为地被代替草坪、草花等。

1. 沙地柏/别名：叉子圆柏、新疆圆柏、双子柏/柏科 圆柏属

（1）观赏形态

株高：高不及1m，匍匐状。

干枝：枝密，斜上展，皮灰褐色，裂成薄片脱落。一年生的分枝圆柱形，径约1mm。

叶片：以鳞叶为主，交互对生，灰绿或蓝绿色，冬季光照充足及干燥处，先端鳞叶常变褐，阴处，鳞叶绿色。叶背中部有明显的腺体，幼树常生刺叶。

花朵：花期6月，雌雄异株。

果实：果期9~10月。球果，熟时褐色、紫蓝色或黑色。

（2）最佳观赏期　四季观赏常绿叶片及株形，如图3-210所示。

（3）同属其他常用种或品种　黄梢沙地柏、蓝梢沙地柏、高接沙地柏。

2. 铺地柏/别名：爬地柏、矮桧/柏科 圆柏属

（1）观赏形态

株高：高达75cm，匍匐状。

干枝：干皮赤褐色，呈鳞片状剥落。枝干贴地伸展，小枝密生。

叶片：全为刺叶，3叶交叉轮生，上面凹，有两条白粉气孔带，下面凸起，蓝绿色。

花朵：花期6月。雌雄异株。

果实：果期9~10月。球果球形，内含种子2~3粒。

（2）最佳观赏期　四季观赏常绿叶片及株形，如图3-211所示。

图3-210　沙地柏

图3-211　铺地柏

3. 粗榧/别名：粗榧杉、鄂西粗榧/三尖杉科 三尖杉属

（1）观赏形态

株高：高2~5m，间或长成10m高的小乔木。

干枝：干皮及枝条灰色或灰褐色，裂成薄片状脱落。

叶片：条形，排列成两列，通直或微弯，长2-5cm，宽3mm。上面深绿色，中脉明显，下面有2条白色气孔带，较绿色边带宽2~4倍。

花朵：花期3~4月。雄球花卵圆形，6~7朵聚生成头状花序。

果实：果熟期次年8~10月。球果卵圆形或近球形，长1.8~2.5cm，顶端中央有一小尖头。

（2）最佳观赏期　四季观赏常绿叶片及株形，如图3-212所示。

图3-212　粗榧

4. 矮紫杉/别名：矮丛紫杉、枷罗木/红豆杉科 红豆杉属

（1）观赏形态

株高：高1~2m，树冠半球状。

干枝：干皮红褐色，有浅裂纹。枝条平展或斜向上直立，小枝密，树冠饱满密实。

叶片：叶条状披针形，密实，多呈不规则轮生状。上面绿色有光泽，下面有两条灰绿色气孔线。

花朵：花期5~6月，雌雄异株。

果实：果熟期10月。种子卵圆形，紫红色，假种皮肉质，深红色，上部开孔。

（2）最佳观赏期　四季观赏常绿叶片及株形，如图3-213所示。

（3）同属其他常用种或品种　曼地亚红豆杉。

5. 含笑/别名：香蕉花、白兰花、含笑梅、山节子/木兰科 含笑属

（1）观赏形态

株高：高2~5m，树冠圆形。

干枝：干皮灰褐色，分枝繁密，芽、嫩枝、叶柄、花梗均密被黄褐色绒毛。

叶片：较小，革质，倒卵状椭圆形，先端钝短尖，托叶痕达叶柄顶端，如图3-214所示。

图3-213　矮紫杉

图3-214　含笑

花朵：单生叶腋，淡乳黄色，边缘常紫红色，具香蕉之浓香。

果实：果期7～8月，聚合果。

（2）最佳观赏期　花期3～6月，四季观姿。

6. 细叶十大功劳/别名：十大功劳、木黄连、竹叶黄连/小檗科 十大功劳属

（1）观赏形态

株高：高达2m。

干枝：茎粗壮，直立，木材黄色。

叶片：奇数羽状复叶，小叶5～9片，厚革质，侧生小叶几等长，顶生小叶最大，均无柄，顶端急尖或略渐尖，基部狭楔形，边缘有6～13刺状锐齿。

花朵：总状花序顶生而直立，花黄色，芳香。

果实：果期9～11月。浆果卵圆形，蓝黑色，有白粉。

（2）最佳观赏期　叶形奇特，四季可观。花期7～8月，如图3-215所示。

（3）同属其他常用种或品种　阔叶十大功劳。

图3-215　细叶十大功劳

7. 南天竹/别名：南天竺、红杷子、天竹、兰竹/小檗科 南天竹属

（1）观赏形态

株高：高达2m，直立。

干枝：枝干丛生，少分枝，老茎浅褐色，幼枝红色。

叶片：2～3回羽状复叶，互生，小叶椭圆状披针形，深绿色，全缘，叶薄，无柄，无毛，部分叶片秋冬变红，如图3-216所示。

花朵：花期5～7月。顶生圆锥花序，花小，白色，如图3-217所示。

图3-216　南天竹（叶）

图3-217　南天竹（花）

果实：9～10月成熟。浆果球形，红色，经冬不落，如图3-218所示。

（2）最佳观赏期 秋冬赏叶观果，如图3-219所示。

图3-218 南天竹（果）

图3-219 南天竹（冬叶）

8. 金丝桃/别名：狗胡花、金线蝴蝶、金丝海棠、金丝莲/藤黄科 金丝桃属

（1）观赏形态

株高：高达1.5m，树冠圆整。

干枝：茎红色，幼时具2～4个纵棱，皮层橙褐色，小枝纤细且多分枝。

叶片：单叶对生，长椭圆形，纸质，无柄，全缘，具黑色腺点。

花朵：单生或聚伞花序顶生，花色金黄，花丝纤细，灿若金丝，如图3-220所示。

果实：果期8～9月。蒴果宽卵珠形或近球形，种子深红褐色，圆柱形。

图3-220 金丝桃（花）

（2）最佳观赏期 花期6～7月。

9. 杜鹃花/别名：映山红、毛杜鹃、锦绣杜鹃/杜鹃花科 杜鹃属

（1）观赏形态

株高：高2～3m，树冠圆球形。

干枝：分枝多且细弱，枝叶及花梗均密被黄褐色粗伏毛。

叶片：单叶互生，纸质，长椭圆形，长3～5cm，先端锐尖，顶端有一尖点。

花朵：深红色，有紫斑，2～6朵簇生枝端。

果实：果期8～10月，蒴果卵圆形，密被锈色糙伏毛。

（2）最佳观赏期 花期4～6月，如图3-221所示。

（3）同属其他常用种或品种 满山红、石岩杜鹃（别名：朱

图3-221 毛杜鹃

砂杜鹃、钝叶杜鹃)、云锦杜鹃(别名:天目杜鹃)、迎红杜鹃(别名:蓝荆子)。

10. 火棘/别名:火把果、救军粮、红子刺/蔷薇科 火棘属

(1)观赏形态

株高:高达3m。

干枝:枝拱形下垂。老枝红褐色,幼枝被锈色柔毛,侧枝短,呈棘刺状。

叶片:单叶互生,倒卵状长椭圆形,先端圆钝或微凹,叶缘钝锯齿。长江以南常绿。

花朵:复伞房花序,花白色,如图3-222所示。

果实:梨果小,球形,橘红色或深红色,冬季宿存,如图3-223所示。

图3-222 火棘(花)

图3-223 火棘(果)

(2)最佳观赏期 花期4~5月,果期9~12月。

11. 福建茶/别名:基及树/紫草科 基及树属

(1)观赏形态

株高:高达2m。

干枝:干皮灰褐色,分枝多。

叶片:在长枝上互生,在短枝上簇生,革质,倒卵形或匙状倒卵形,两面均粗糙,上面常有白色小斑点。

花朵:春、夏开花,花期较长,通常2~6朵排成疏松的聚伞花序,花小,白色。

果实:果期夏、秋。果实圆,亦有近三角形者,初绿后红。

(2)最佳观赏期 四季观姿,如图3-224所示。

图3-224 福建茶

12. 胡颓子/别名:羊奶子、蒲颓子、半含春/胡颓子科 胡颓子属

(1)观赏形态

株高:高达4m,树冠开展,近球形。

干枝:具刺,小枝有条棱,密被锈色鳞片。

叶片:单叶互生,革质,椭圆形。边缘微波状,上面初有鳞片,后绿色有光泽,下面银白色,被锈色鳞片,如图3-225所示。

花朵:花期10~11月。花1~3朵簇生于叶腋,白色,下垂,有香气。

果实:果期次年4~6月。坚果椭球形,幼时被褐色鳞片,熟时红色,如图3-226所示。

图 3-225　胡颓子（叶）

图 3-226　胡颓子（果）

（2）最佳观赏期　四季观叶。

（3）同属其他常用种或品种　金边胡颓子。

13. 细叶萼距花/别名：满天星、细叶雪茄花、紫雪茄花/千屈菜科 萼距花属

（1）观赏形态

株高：高0.5～1m。

干枝：茎直立，分枝特别多且细密。

叶片：单叶对生，叶小，细卵形，翠绿。

花朵：单生叶腋，花萼延伸为花冠状，形似高脚碟状，紫红色。

果实：花后结实似雪茄，形小呈绿色。

（2）最佳观赏期　四季可开花，观姿赏花，如图3-227所示。

图 3-227　细叶萼距花

14. 山指甲/别名：山紫甲树、小蜡树、水黄杨、小叶女贞/木犀科 女贞属

（1）观赏形态

株高：高达6m。

干枝：小枝青灰色，圆柱形，密生短柔毛。

叶片：单叶，对生，纸质，叶卵形或卵状椭圆形，长3～5cm，叶柄及叶背中脉均密生绒毛。

花朵：圆锥花序，花白色，香，花药黄色。

果实：果期7～9月。核果球，紫黑色。

（2）最佳观赏期　花期5～6月，如图3-228所示。

（3）同属其他常用种或品种　金森女贞（别名：哈娃蒂女贞）、金叶女贞。

图 3-228　山指甲

15. 茉莉/别名：茉莉花/木犀科 茉莉属

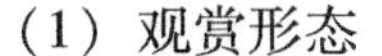

（1）观赏形态

株高：高达3m。

干枝：干皮灰白，枝细长略呈藤本状。

叶片：单叶对生，卵形或椭圆形，全缘，质薄且有光泽，背面脉腋有簇毛。

花朵：聚伞花序顶生，花白色，浓香，花萼裂片8～9，线形。
果实：常不结果。
（2）最佳观赏期　花期5～10月，香花树种，如图3-229所示。
（3）同属其他常用种或品种　素方花、云南黄馨、素馨花（别名：大花茉莉）。

16. 黄杨/别名：瓜子黄杨/黄杨科 黄杨属

（1）观赏形态
株高：高达2m。
干枝：干皮灰白光洁，枝条密生，小枝具四棱脊，被短柔毛。
叶片：单叶对生，革质，倒卵状或椭圆形，先端圆或微凹，上面深绿色，有光泽，下面黄绿色。
花朵：花期4月。花簇生叶腋或枝端，黄绿色。
果实：果期7～8月。蒴果，卵圆形，有宿存花柱。
（2）最佳观赏期　四季观叶及观姿，如图3-230所示。

图3-229　茉莉

图3-230　黄杨

（3）同属其他常用种或品种　雀舌黄杨、锦熟黄杨、金叶黄杨。

17. 枸骨/别名：猫儿刺、老虎刺、八角刺、鸟不宿/冬青科 冬青属

（1）观赏形态
株高：高达3m，树冠阔圆形。
干枝：幼枝具纵脊及沟，沟内被微柔毛或变无毛，二年枝褐色，三年生枝灰白色，无皮孔。
叶片：单叶互生，厚革质，矩圆状四方形，具坚硬刺齿5枚，顶端刺反曲，叶面深绿且有光泽，背淡绿色，两面无毛。
花朵：花期4～5月。花序簇生于二年生枝的叶腋内，花小，淡黄色。
果实：果期10～11月。核果，球形，鲜红色。
（2）最佳观赏期　四季观赏奇特叶形，冬季观果，如图3-231所示。
（3）同属其他常用种或品种　无刺枸骨、龟甲冬青（别名：豆瓣冬青、龟背冬青）。

图3-231　枸骨

18. 大叶黄杨/别名：长叶黄杨、冬青卫矛、正木/卫矛科 卫矛属

（1）观赏形态

株高及冠形：高达3m，树冠球形。

干枝：小枝绿色，近四棱形，光滑，无毛。

叶片：单叶对生，倒卵形至狭长椭圆形，革质，边缘有细钝锯齿，两面无毛，有光泽。

花朵：花期5~6月。聚伞花序腋生，花绿白色。

果实：果期9~10月。蒴果扁球形，淡红色或带黄色。

（2）最佳观赏期　四季观赏叶片及株形，如图3-232所示。

（3）同属其他常用种或品种　金心大叶黄杨、银边大叶黄杨、金边大叶黄杨、银斑大叶黄杨、斑叶大叶黄杨。

19. 洒金珊瑚/别名：洒金桃叶珊瑚/山茱萸科 桃叶珊瑚属

（1）观赏形态

株高：高达3m。

干枝：老枝具白色皮孔，小枝绿色，光滑无毛。

叶片：单叶，交互对生，卵状椭圆形，革质，深绿色。叶面光滑亮泽，有黄色斑点，叶缘中上部有疏齿，先端尖。

花朵：花期3~4月。雌雄异株，圆锥花序顶生，花小，暗紫红色。

果实：果期11月至次年2月。浆果状核果，鲜红色。

（2）最佳观赏期　四季观赏叶片及株形，如图3-233所示。

图3-232　大叶黄杨

图3-233　洒金珊瑚

20. 八角金盘/别名：八金盘、八手、手树、金刚纂/五加科 八角金盘属

（1）观赏形态

株高：高达5m，丛生伞形。

干枝：茎光滑无刺，嫩枝具易脱落性褐色毛。

叶片：单叶互生，革质，近圆形，掌状7~9深裂，边缘有锯齿，叶柄长10~30cm，基部膨大。

花朵：花期7月。圆锥花序顶生，花小，乳白色。

果实：果期8~10月。浆果球形，紫黑色。

（2）最佳观赏期　四季观赏奇特的叶片及株形，如图3-234所示。

图3-234　八角金盘

21. 夹竹桃/别名：柳叶桃、半年红、甲子桃/夹竹桃科 夹竹桃属

（1）观赏形态

株高：高达5m，丛生圆整。

干枝：枝条灰绿色，含水液。嫩枝具棱，被微毛，后脱落。

叶片：3～4枚轮生，枝条下部叶对生，长条状披针形，叶面深绿，叶背浅绿色，中脉显著，侧脉细密平行。

花朵：聚伞花序顶生，花冠深红色或粉红色，漏斗状，有特殊香气，如图3-235所示。

果实：果期12月至次年1月，蓇葖果长角状，如图3-236所示。

图3-235 夹竹桃（花）

图3-236 夹竹桃（果）

（2）最佳观赏期 四季观叶，花期6～9月。

（3）同属其他常用种或品种 黄花夹竹桃。

22. 黄蝉/别名：黄兰蝉/夹竹桃科 黄蝉属

（1）观赏形态

株高：高约2m。

干枝：直立，枝条灰白色。

叶片：3～5枚轮生，椭圆形或倒披针状矩圆形，被短柔毛，叶脉在下面隆起。具乳汁。

花朵：聚伞花序顶生，花冠鲜黄色，基部膨大呈漏斗状，中心有红褐色条纹斑。

果实：果期10～12月，蒴果球形，具长刺。

（2）最佳观赏期 花期5～8月，如图3-237所示。

（3）同属其他常用种或品种 软枝黄蝉。

图3-237 黄蝉

23. 栀子花/别名：黄栀子、栀子/茜草科 栀子属

（1）观赏形态

株高：高达3m，树冠饱满圆整。

干枝：干皮灰色，枝丛生，小枝绿色，有垢状毛，具膜状托叶。

叶片：单叶对生或3枚轮生，革质，倒卵形或长椭圆形，翠绿色，全缘，有光泽。

花朵：单生枝顶，白色，浓香。

果实：果期9～10月。浆果卵形，黄色，具5～9纵棱，有宿存萼片。

（2）最佳观赏期　花期5～7月，如图3-238所示。

（3）同属其他常用种或品种　大叶栀子（别名：大花栀子）、水栀子（别名：雀舌栀子）、小叶栀子。

24. 龙船花/别名：英丹、仙丹花、百日红/茜草科 龙船花属

（1）观赏形态

株高：高可达2m。

干枝：枝干无毛，小枝初时深褐色，有光泽，老时呈灰色，有裂纹。

叶片：单叶对生，披针形至长圆状倒披针形，叶柄极短而粗或无叶柄。托叶长，基部阔，顶端长渐尖。

花朵：聚伞花序顶生，总花梗呈红色，高脚碟状，橙红或鲜红色，如图3-239所示。

图3-238　栀子花

图3-239　龙船花

果实：果实近球形，双生，中间有1沟，成熟时红黑色。

（2）最佳观赏期　花期3～12月。

25. 鹅掌柴/别名：鸭脚木、伞树/五加科 鹅掌柴属

（1）观赏形态

株高：高达2m。

干枝：小枝粗壮，干时有皱纹，幼时密被星状毛。

叶片：掌状复叶，小叶6～9枚，椭圆形至倒卵状椭圆形，革质，深绿色，有光泽。

花朵：花期11～12月。圆锥状花序，小花黄白色。

果实：果期12月。浆果球形，黑色。

（2）最佳观赏期　四季观叶，如图3-240所示。

（3）同属其他常用种或品种　花叶鹅掌柴。

图3-240　鹅掌柴

26. 红花檵木/别名：红檵木/金缕梅科 檵木属

（1）观赏形态

株高：高达1m。

干枝：干皮暗灰色或浅灰褐色，分枝多，嫩枝红褐色，密被星状毛。

叶片：单叶互生，卵圆形或椭圆形，淡红色至暗红色，密被星状毛，全缘，基部圆而偏斜，如图3-241所示。

花朵：头状花序顶生，花瓣带状条形，紫红色，如图3-242所示。

果实：果期8~9月。蒴果椭圆形。

（2）最佳观赏期　四季叶片紫红色，春末夏初和秋季两次开花，如图3-243所示。

图3-241　红花檵木（叶）

图3-242　红花檵木（花）

图3-243　红花檵木（形）

27. 米仔兰/别名：米兰、碎米兰/楝科 米仔兰属

（1）观赏形态

株高：高达7m，树冠球形。

干枝：多分枝，小枝被星状锈色鳞片。

叶片：奇数羽状复叶，小叶3~5，倒卵形至椭圆形，叶轴与小叶柄具狭翅。

花朵：花期5~12月。圆锥花序腋生，花小且多，黄色，极香似兰。

果实：果期7月至翌年3月。浆果卵形或近球形，种子有肉质假种皮。

（2）最佳观赏期　四季观姿，夏秋闻香，如图3-244所示。

图3-244　米仔兰

（3）同属其他常用种或品种　大叶米兰。

28. 金橘/别名：牛奶橘、金枣、金弹、金柑/芸香科 金橘属

（1）观赏形态

株高：高达3m，树冠半球形。

干枝：常无刺，分枝多。
叶片：单身复叶，互生，披针形至长椭圆形，上面深绿色，光亮，叶柄有狭翅。
花朵：花期7月。花两性，整齐，白色，芳香。
果实：柑果矩圆形或卵形，金黄色。
（2）最佳观赏期　果期12月，如图3-245所示。

29. 茵芋/别名：莞草、卑共、茵蓣、因预/芸香科 茵芋属

（1）观赏形态
株高：高达2m。
干枝：小枝常中空，皮淡灰绿色，光滑，干后常有浅纵皱纹。
叶片：单叶互生，集生于枝顶，革质，具腺体，长椭圆形状披针形或披针形，主脉上密被短柔毛。
花朵：圆锥花序顶生，花淡黄白色，芳香。
果实：果实圆球形，红色。
（2）最佳观赏期　花期4~5月，果期10~11月，如图3-246所示。

图3-245　金橘

图3-246　茵芋

30. 虾衣花/别名：虾夷花、虾衣草、狐尾木、麒麟吐珠/爵床科 麒麟吐珠属

（1）观赏形态
株高：高达2m。
干枝：全株具柔毛。茎细弱，多分枝，嫩枝节部红紫色。
叶片：单叶对生，卵形，顶端具短尖，基部楔形，全缘。
花朵：穗状花序顶生，下垂，苞片重叠着生，呈棕红色、黄绿色，形似龙虾、狐尾。花朵白色。
果实：果期全年。蒴果，具细小种子2或4粒。
（2）最佳观赏期　花期全年，如图3-247所示。

图3-247　虾衣花

31. 金脉爵床/别名：金脉单药、金叶木、黄脉爵床/爵床科 黄脉爵床属

（1）观赏形态
株高：高可达1.5m。
干枝：直立，多分枝，茎干半木质化。

叶片：单叶对生，无叶柄，阔披针形，先端渐尖，基部宽楔形，叶缘具锯齿。叶片嫩绿色，叶脉橙黄色。

花朵：花期夏秋季。圆锥花序顶生，花管状，二唇形，花冠黄色，苞片红色。

果实：果期秋冬季。蒴果。

（2）最佳观赏期　四季观叶，如图3-248所示。

32. 变叶木/别名：洒金榕/大戟科 变叶木属

（1）观赏形态

株高：高达2m。

干枝：全株有乳汁。枝条无毛，上有大且明显的圆叶痕。

叶片：单叶互生，厚革质，叶片线形、卵形至椭圆形，常具白、紫、黄、红色的斑点和斑纹。

花朵：花期5～6月。雌雄同株，总状花序腋生，雄花白色，雌花淡黄色。

果实：果期7～8月。蒴果近球形，稍扁，无毛。

（2）最佳观赏期　四季观叶，如图3-249所示。

图3-248　金脉爵床

图3-249　变叶木

33. 红背桂/别名：红紫木、紫背桂/大戟科 海漆属

（1）观赏形态

株高：高达2m。

干枝：全株具乳汁，枝无毛，具多数皮孔。

叶片：单叶对生，狭长椭圆形，叶表绿色，叶背紫红色，叶缘有细锯齿。

花朵：总状花序腋生。花单性，雌雄异株，黄白色。

果实：蒴果球形，种子细小。

（2）最佳观赏期　四季观叶，如图3-250所示。

34. 红千层/别名：瓶刷子树、红瓶刷、金宝树/桃金娘科 红千层属

（1）观赏形态

株高：高达5m。

干枝：干皮灰褐色，纵裂不脱落，嫩枝有棱，被白色柔毛。

叶片：互生，坚革质，条形，无毛，叶内透明腺点大而少，中脉明显，无柄。

花朵：穗状花序顶生，花序轴继续生长成一有叶的正常枝，花红色。

果实：果期夏秋，蒴果顶端开裂。

（2）最佳观赏期　花期春夏季节，如图3-251所示。

图3-250　红背桂

图3-251　红千层

（3）同属其他常用种或品种　串钱柳（别名：垂枝红千层）。

35. 瑞香/别名：睡香、蓬莱紫、风流树、毛瑞香/瑞香科 瑞香属

（1）观赏形态
株高：高达2m。
干枝：枝粗壮，通常二歧分枝，小枝近圆柱形，紫红色或紫褐色，无毛。
叶片：单叶互生，长椭圆形至倒披针形，多集聚枝顶，全缘，深绿而有光泽。
花朵：头状花序顶生，无花冠，萼筒花冠状，白色至淡红紫色，如丁香状，香气浓。
果实：果期7～8月。果实红色。
（2）最佳观赏期　花期3～4月，四季观叶，如图3-252所示。
（3）同属其他常用种或品种　金边瑞香。

36. 扶桑/别名：朱槿、佛桑、大红花、桑槿/锦葵科 木槿属

（1）观赏形态
株高：高约3m。
干枝：茎直而多分枝，小枝圆柱形，疏被星状柔毛。
叶片：单叶互生，阔卵形至狭卵形，叶缘有粗锯齿或缺刻，基部近全缘，三出脉，叶面有光泽。
花朵：单生于上部叶腋间，常下垂，花冠漏斗形，玫瑰红或淡红、淡黄等色。
果实：蒴果卵形，平滑无毛，有喙。
（2）最佳观赏期　花期全年，夏秋最盛，如图3-253所示。

图3-252　瑞香

图3-253　扶桑

（3）同属其他常用种或品种　斑叶扶桑（别名：七彩大红花）。

【课题评价】

本课题学习及考核建议：常绿灌木识别的学习和考核，贯穿于平时调查、整理、动手操作的过程中。最终课程结束后，每位同学需建立和拥有属于自己的植物图片库、当地园林植物信息库，方便后期相关课程学习时进行查阅。具体植物种类及课题练习内容，任课教师可根据当地植物资源、常见应用种类及学生实际情况进行选择。

1. 调查整理本地区常见常绿灌木种类，并简单描述其识别特征（列表归纳，识别要点需要用自己的语言，简练概括进行描述）。

编　号	名　称	识别特征	花　期
1			
2			
…			

2. 收集整理常绿灌木电子图片库。

以小组形式，制作 PPT 上交。PPT 制作要求：每一种常绿灌木的图片至少应包括株形、叶片、应用形式，并标注照片收集来源、场所及时间。

3. 手绘常见常绿灌木，并用彩色铅笔上色。

4. 制作常绿灌木标本。

课题 4 落叶灌木

根据冬天来临时是否落叶，将灌木分为常绿灌木和落叶灌木。但这种分类不是绝对的，较多植物是否落叶与植物生长环境中的水分、温度、土壤等很多因素有关。一个很明显的例子就是我们南北方温度差异对灌木冬天落叶的影响，比如杜鹃花，在温暖的南方生长时冬天并不落叶，归为常绿灌木；而在较为寒冷的北方或温差变化大的山区种植时，它在冬天落叶并因此成为落叶灌木。落叶这种现象是树木的一种自我保护和对外部环境的一种适应。如果在北方的温室内种植，杜鹃花也不会落叶。

一、春季开花

指花朵在 3 ~ 5 月期间开放的植物种类，常见植物有：

1. 迎春花/别名：小黄花、金腰带、黄梅、清明花/木犀科 茉莉属

（1）观赏形态

株高及冠形：高 0.3 ~ 1.0m，丛生、直立或匍匐状。

干枝：枝稍扭曲，下垂，光滑无毛，小枝四棱形，棱上有不明显狭翼，绿色。

叶片：对生，三出复叶，卵形至矩圆形。

花朵：单生于去年生小枝的叶腋，先于叶开放，有清香，金黄色，外染红晕。

果实：圆形核果，很少结实。

（2）最佳观赏期　花期 2 ~ 4 月，如图 3-254 所示。

（3）同属其他常用种或品种　迎夏（别名：探春花）。

图 3-254　迎春花

2. 连翘/别名：黄绶带/木犀科 连翘属

（1）观赏形态

株高及冠形：高达3m，拱形丛生状。

干枝：枝干丛生，皮孔明显。小枝疏朗拱形，土黄色，拱形下垂，中空。

叶片：对生，单叶或3小叶，卵形或卵状椭圆形，缘中上部具齿。

花朵：先叶开花，花开香气淡艳，花冠金黄色，1～3朵生于叶腋。

果实：果期7～9月。卵球形、长椭圆形，先端喙状渐尖，表面疏生皮孔。

（2）最佳观赏期　花期3～4月，如图3-255所示。

（3）同属其他常用种或品种　金钟花。

图3-255　连翘

3. 贴梗海棠/别名：铁脚海棠、皱皮木瓜、川木瓜、宣木瓜/蔷薇科 木瓜属

（1）观赏形态

株高及冠形：高达2m，直立丛生状。

干枝：枝干丛生，多枝刺。小枝圆柱形，粗壮，嫩时紫褐色，老时暗褐色。

叶片：卵形至椭圆形，叶缘锯齿尖锐，表面无毛，有光泽。托叶肾形或半圆形，有尖锐重锯齿。

花朵：红色、淡红色或白色，3～5朵簇生在二年生枝上，芳香，无花梗。

果实：果熟期9～10月。梨果卵形至球形，径4～6cm，黄绿色。

（2）最佳观赏期　花期4～5月，如图3-256所示。

（3）同属其他常用种或品种　木瓜海棠、倭海棠。

4. 榆叶梅/别名：榆梅、小桃红、榆叶鸾枝/蔷薇科 桃属

（1）观赏形态

株高及冠形：高2～3m，自然生长呈丛生开心形，或人工嫁接呈小乔木状。

干枝：枝条粗糙，开展，具多数短小枝，小枝灰褐色，无毛或幼时微被短柔毛。

叶片：宽椭圆形至倒卵形，先端尖或为3裂状，基部宽楔形，边缘有不等的粗重锯齿。

花朵：单瓣至重瓣，紫红色，1～2朵生于叶腋，如图3-257所示。

图3-256　贴梗海棠

图3-257　榆叶梅

果实：果期5～7月。近球形，红色，有毛。

（2）最佳观赏期　花期4～5月。

(3) 同属其他常用种或品种　单瓣榆叶梅、重瓣榆叶梅（别名：大花榆叶梅）、鸾枝。

5. 白鹃梅/别名：茧子花、金瓜果、紫芯树、龙柏木/蔷薇科 白鹃梅属

图 3-258　白鹃梅

(1) 观赏形态

株高及冠形：高 3 ~ 5m，疏散丛生状。

干枝：枝条细弱开展，全株无毛，小枝圆柱形，微有棱角。

叶片：单叶互生，长椭圆形至倒卵形，先端圆钝，基部楔形，全缘，叶柄极短。

花朵：顶生总状花序，具花 6 ~ 10 朵，萼片边缘有尖细锯齿，花瓣基部有短爪，雪白似梅而得名。

果实：蒴果倒卵形，具 5 棱脊，有短果柄，果形奇异。

(2) 最佳观赏期　花期 4 ~ 5 月，如图 3-258 所示。

6. 银芽柳/别名：棉花柳、银柳/杨柳科 柳属

图 3-259　银芽柳

(1) 观赏形态

株高及冠形：高 2-3m，开展丛生状。

干枝：枝条绿褐色，具红晕，幼枝具绢毛，老枝光滑。

叶片：互生，披针形，叶背面密被白毛，半革质。

花朵：花期 4 月。花芽肥大，苞片紫红色，先花后叶，柔荑花序，苞片脱落，露出银白色的未开放花序，毛茸茸、形似毛笔头。

果实：果熟期 5 月上旬。

(2) 最佳观赏期　早春萌发毛茸茸的白色花芽至开花期，如图 3-259所示。

(3) 同属其他常用种或品种　花叶杞柳。

7. 毛樱桃/别名：山樱桃、梅桃、山豆子、樱桃/蔷薇科 樱属

(1) 观赏形态

株高及冠形：高 2 ~ 3m，密集丛生状。

干枝：幼枝密生灰色绒毛。

叶片：倒卵形至椭圆状卵形，先端尖，锯齿常不整齐，表面皱，有柔毛，背面密生绒毛。

花朵：先叶开放，花瓣白色或略带粉色，无梗或近无梗，花萼红色，有毛，如图 3-260 所示。

果实：果熟期 5 ~ 6 月。核果近球形，红色，稍有毛。

(2) 最佳观赏期　花期 3 ~ 4 月，如图 3-261 所示。

图 3-260　毛樱桃（花）

图 3-261　毛樱桃（形）

8. 紫叶小檗/小檗科 小檗属

（1）观赏形态

株高及冠形：高0.3～2m，自然生长下近球形。

干枝：分枝多且密集，幼枝带红色，枝节有锐刺，细小。

叶片：匙状矩圆形或倒卵形，1～5片簇生，全缘，深紫或紫红色。

花朵：花期4～5月，伞形花序或簇生，黄色。

果实：果熟期8～9月，浆果椭圆形，鲜红色。

（2）最佳观赏期　生长期叶片紫红色，如图3-262所示。

（3）同属其他常用种或品种　金边紫叶小檗、金叶小檗。

9. 郁李/别名：爵梅、秧李/蔷薇科 樱属

（1）观赏形态

株高及冠形：高1～2m，树冠密实丛生，饱满匀称。

干枝：干皮灰褐色，有不规则的纵条纹。幼枝黄棕色，光滑，枝条细长。

叶片：互生，长卵形或卵圆形，罕为卵状披针形。叶柄被短柔毛，托叶2枚，线形，呈篦状分裂，早落。

花朵：先叶后花，2～3朵簇生。花梗有棱，散生白色短柔毛，基部为数枚茶褐色的鳞片包围，鳞片长圆形，密被锈色绒毛，有细齿。

果实：果期5～6月。核果近圆球形，暗红色。

（2）最佳观赏期　花期3～4月，如图3-263所示。

图3-262　紫叶小檗

图3-263　郁李

（3）同属其他常用种或品种　重瓣郁李。

10. 紫丁香/别名：丁香、华北紫丁香、百结、情客、龙梢子/木犀科 丁香属

（1）观赏形态

株高及冠形：高达4m，丛生圆整球形。

干枝：枝条粗壮无毛，假二叉分枝，芽对生。

叶片：广卵形或楔形，通常宽度大于长度，全缘，两面无毛。

花朵：圆锥花序，花萼钟状，有4齿，花冠堇紫色，端4裂开展。

果实：蒴果长圆形，顶端尖，平滑。

（2）最佳观赏期　花期3～4月，如图3-264所示。

图3-264　紫丁香

（3）同属其他常用种或品种　白丁香、波斯丁香、小叶丁香。

11. 紫荆/别名：裸枝树、紫珠/蝶形花科 紫荆属

（1）观赏形态

株高及冠形：高2～5m。

干枝：干枝粗大，直立丛生，皮灰白色，小枝细短，分枝较少。芽小密集簇生老干及枝条上。

叶片：纸质，近圆形或三角状圆形，先端急尖，基部浅至深心形，两面通常无毛，嫩叶绿色，仅叶柄略带紫色，叶缘膜质透明，新鲜时明显可见。

花朵：先开花后长叶，花紫红色或粉红色，2～10余朵成束，簇生于老枝和主干上，尤以主干上花束较多。

果实：果期8～10月。荚果扁狭长形，种子黑褐色，光亮。

（2）最佳观赏期　花期3～4月，如图3-265所示。

12. 锦鸡儿/别名：黄雀花、阳雀花、黄棘/蝶形花科 锦鸡儿属

（1）观赏形态

株高及冠形：高2～3m，散乱丛生。

干枝：干皮深褐色，小枝有棱，无毛。

叶片：托叶三角形，硬化成针刺，叶轴脱落或硬化成针刺，小叶2对，羽状，倒卵形，无柄。

花朵：单生于短枝叶丛中，蝶形花，花冠黄色，常带红色。

果实：果期7月，荚果圆筒状。

（2）最佳观赏期　花期4～5月，如图3-266所示。

图3-265　紫荆

图3-266　锦鸡儿

（3）同属其他常用种或品种　红花锦鸡儿。

13. 黄刺玫/别名：刺玖花、黄刺莓、破皮刺玫、刺玫花/蔷薇科 蔷薇属

（1）观赏形态

株高及冠形：高3～4m，丛生球形，稍开展。

干枝：分蘖枝密集，外缘枝开展，小枝褐色或红褐色，有宽扁的硬皮刺。

叶片：单数羽状复叶互生，小叶7～15枚，小叶片近圆形或椭圆形，边缘有圆钝锯齿，两面无毛。托叶很小，带状或披针形，下部与叶柄连生。

花朵：单生于叶腋，无苞片，萼片披针形。花瓣倒卵形，先端微凹，花形有单瓣、重瓣之分，黄色。

果实：近球形，8～9月成熟后为红褐色。

（2）最佳观赏期　花期3～4月，如图3-267所示。

14. 香茶藨子/别名：黄丁香、黄花茶藨子、香茶藨/虎耳草科 茶藨子属

（1）观赏形态

株高及冠形：高1～2m，直立丛生状。

干枝：小枝淡黄褐色，较柔软。

叶片：近圆形，掌状3裂，叶缘疏生粗锯齿。

花朵：花黄色，味芳香，萼筒管状细长，花瓣5片，与萼片互生。

果实：果熟期6～7月，浆果黑色球形。

（2）最佳观赏期　花期4～5月，如图3-268所示。

图3-267　黄刺玫

图3-268　香茶藨子

15. 金银木/别名：金银忍冬、胯杷果/忍冬科 忍冬属

（1）观赏形态

株高及冠形：高达5m，丛生拱形。

干枝：干皮灰黄色，浅纵裂，小枝中空，幼时具微毛。

叶片：卵状椭圆形或卵状披针形，全缘，先端渐尖，基宽楔形或圆形，叶缘及两面均有毛。

花朵：花冠先白后黄，有芳香，唇形，唇瓣较花冠筒长2～3倍。雄蕊5枚，与花柱均短于花冠，如图3-269所示。

果实：果熟期9月，浆果红色，合生，如图3-270所示。

（2）最佳观赏期　花期4～5月，如图3-271所示。

图3-269　金银木（花）

图3-270　金银木（果）

图3-271　金银木（形）

16. 欧李/别名：酸丁、山梅子、小李仁/蔷薇科 李属

（1）观赏形态

株高及冠形：高达1m，圆球灌丛状。

干枝：小枝纤细。

叶片：倒卵状披针形，长2.5～5cm，缘有细锯齿。

花朵：单生或2朵并生，与叶同时开放，白色。

果实：核果近球形，熟时红色。

（2）最佳观赏期　花期4～5月，果熟期8～9月，如图3-272所示。

17. 花木蓝/别名：吉氏木蓝、山绿豆、山扫帚、山花子/蝶形花科 木蓝属

（1）观赏形态

株高及冠形：高1～2m，散乱丛生。

干枝：幼枝灰绿色，被白色“丁”字形毛，老枝灰褐色无毛，略有棱角。

叶片：奇数羽状复叶互生，小叶7～11枚，对生，小叶宽卵圆形，先端圆具小尖，基部圆形或宽楔形，小叶两面被白色“丁”字形毛。

花朵：两性花，腋生总状花序，序梗与叶轴近等长，花淡紫红色。

果实：果熟期8～9月。荚果圆筒形，先端偏斜，具尖，熟时棕褐色，无毛。

（2）最佳观赏期　花期4～5月，如图3-273所示。

图3-272　欧李

图3-273　花木蓝

18. 锦带/别名：锦带花、海仙花/忍冬科 锦带花属

（1）观赏形态

株高及冠形：高达3m，开展丛生状球形。

干枝：干皮灰色，幼枝稍四方形，有2列短柔毛。

叶片：单叶对生，叶片椭圆至卵形，两面有柔毛，叶柄短。

花朵：3～4朵呈聚伞花序顶生，或在短枝上腋生，花较大，有粉红、鲜红、紫红和玫瑰红等颜色。花冠漏斗状钟形，萼筒绿色。

果实：果期10月。蒴果柱状，种子细小。

（2）最佳观赏期　花期4～5月，如图3-274所示。

（3）同属其他常用种或品种　花叶锦带、红王子锦带、海仙花。

图3-274　锦带

19. 棣棠/别名：地棠花、地团花/蔷薇科 棣棠属

（1）观赏形态

株高及冠形：高1.5～2m，直立密集丛生成球形灌丛状。

干枝：小枝绿色，光滑，有棱，如图3-275所示。

叶片：卵形至卵状椭圆形，缘有明显粗锯齿，表面叶脉凹陷，背面叶脉凸出。

花朵：单生于侧枝顶端，金黄色，如图3-276所示。

图3-275　棣棠（枝叶）

图3-276　棣棠（花）

果实：果熟期6~8月，瘦果倒卵形，褐色。

（2）最佳观赏期　花期5月，冬季观赏绿色小枝。

（3）同属其他常用种或品种　重瓣棣棠。

20. 牡丹/别名：木芍药、百雨金、洛阳花/毛茛科 芍药属

（1）观赏形态

株高及冠形：高2~3m。

干枝：干枝粗大，老干灰褐色，当年生枝黄褐色。当年生枝上部枯死，顶芽大且饱满。

叶片：二回三出羽状复叶，互生，枝上部常为单叶。

花朵：单生茎顶，花色有白、黄、粉、红、紫及复色，有单瓣、复瓣、重瓣及台阁型花。花萼5片。

果实：果期6月。蓇葖果长圆形，密生黄褐色硬毛。

（2）最佳观赏期　花期4月，如图3-277所示。

21. 野蔷薇/别名：多花蔷薇/蔷薇科 蔷薇属

（1）观赏形态

株高及冠形：高30~40cm，蔓性灌木。

干枝：枝细长，多皮刺，无毛，绿色。

叶片：羽状复叶互生，小叶5~9，倒卵或椭圆形，锯齿锐尖，两面有短柔毛。

花朵：圆锥花序生于枝顶，成团成簇开放，花白色或微有红晕，单瓣，芳香。

果实：果熟期9~10月。球形，聚生，小，暗红色。

（2）最佳观赏期　花期4~6月，如图3-278所示。

图3-277　牡丹

图3-278　野蔷薇

（3）同属其他常用种或品种　粉团蔷薇、白玉棠、荷花蔷薇、七姊妹。

22. 月季/别名：月月红、长春花/蔷薇科 蔷薇属

（1）观赏形态

株高及冠形：高1~2m，直立灌丛状，自然状态下较为散乱。

图3-279 月季

干枝：小枝粗壮，圆柱形，近无毛，有短粗的钩状皮刺。

叶片：小叶3～7，广卵形至卵状椭圆形，缘有锯齿，叶柄和叶轴散生皮刺和短腺毛，托叶大部分附着在叶轴上。

花朵：花数朵簇生，少数单生，粉色至白色，萼片长羽裂，缘边有腺毛。

果实：果熟期9～11月，果卵形至球形，红色，较大。

（2）最佳观赏期　花期5～10月，多次开放，如图3-279所示。

（3）同属其他常用种或品种　藤本月季、大花香水月季、丰花月季、微型月季、树状月季、地被月季。

23. 平枝栒子/别名：铺地蜈蚣/蔷薇科 栒子属

（1）观赏形态

株高及冠形：高50～200m不等，半常绿匍匐状灌木。

干枝：水平开展的枝呈整齐2列，幼枝被黄褐色毛。

叶片：叶小，近革质，圆形至宽卵形，全缘。表面深绿色，光亮无毛，如图3-280所示。

花朵：花期4～5月，1～2朵着生于叶腋间，粉红色。

果实：球形，鲜红色，如图3-281所示。

（2）最佳观赏期　果期9～10月，如图3-282所示。

图3-280 平枝栒子（叶）

图3-281 平枝栒子（果）

图3-282 平枝栒子（形）

（3）同属其他常用种或品种　水栒子。

24. 木绣球/别名：绣球、紫阳花、绣球荚蒾/忍冬科 荚蒾属

（1）观赏形态

株高及冠形：高3～5m。

干枝：干皮灰褐色或灰白色，芽、幼技、叶柄及花序均密被灰白色或黄白色簇状短毛，后渐变无毛。

叶片：对生，卵形至卵状椭圆形，表面暗绿色，背面有星状短柔毛，叶缘有锯齿。

花朵：单生枝顶集成聚伞花序，边缘具白色中性花。花初开带绿色，后转为白色，具清香，花不孕。因其形态似绣球而得名。

果实：果期9～10月。

（2）最佳观赏期　花期4～5月，如图3-283所示。

（3）同属其他常用种或品种　琼花（别名：聚八仙花、蝴蝶花）、蝴蝶绣球（别名：日本绣球、斗球）、天目琼花（别名：鸡树条荚蒾）、香荚蒾（别名：探春、翘兰、野绣球）。

图3-283　木绣球

25. 猥实/别名：美人木/忍冬科 猬实属

（1）观赏形态

株高及冠形：高2～3m。

干枝：幼枝被柔毛，老枝皮剥落，如图3-284所示。

叶片：椭圆形至卵状矩圆形，叶面疏生短柔毛。

花朵：伞房状圆锥聚伞花序生于侧枝顶端，花粉红至紫红色，花冠钟状，如图3-285所示。

果实：果熟期8～9月。卵形，两个合生，有时其中一个不发育，如图3-286所示。

（2）最佳观赏期　花期4～5月。

图3-284　猥实（干）

图3-285　猥实（花）

图3-286 猬实（果）

26. 卫矛/别名：鬼箭、六月凌、四棱树、山鸡条子/卫矛科 卫矛属

（1）观赏形态

株高及冠形：高2~3m，疏散开展。

干枝：老枝灰褐色，有2~4排木栓质的阔翅，小枝四棱形，绿色。

叶片：对生，卵形至椭圆形，两头尖，很少钝圆，边缘有细尖锯齿，早春初发时及初秋霜后变紫红色。

花朵：花期4~6月，常3朵集成聚伞花序，黄绿色。

果实：果熟期9~10月，蒴果棕紫色，种子褐色，有橘红色的假种皮。

（2）最佳观赏期 秋后叶色变紫红色，如图3-287所示。

图3-287 卫矛

27. 四照花/别名：石枣、羊梅、山荔枝/山茱萸科 四照花属

（1）观赏形态

株高及冠形：高2~3m，疏散开展。

干枝：小枝灰褐色。

叶片：对生，纸质，卵形、卵状椭圆形或椭圆形，先端急尖为尾状，基部圆形，表面绿色，背面粉绿色，叶脉羽状弧形上弯。

花朵：头状花序近顶生，具小花20~30朵。总苞片4个，大形，黄白色，花瓣状，卵形或卵状披针形。花萼筒状4裂，花瓣4。

果实：果期9~10月，聚花果球形，红色，总果梗纤细。

（2）最佳观赏期 花期4~5月，如图3-288所示。

图3-288 四照花

28. 雪柳/别名：五谷树、挂梁青、珍珠花/木犀科 雪柳属

（1）观赏形态

株高及冠形：高2～3m，拱形开展。

干枝：干皮灰褐色，小枝圆柱形，淡黄色或淡绿色，四棱形或具棱角，无毛。

叶片：纸质，披针形、卵状披针形或狭卵形，先端锐尖至渐尖，基部楔形，全缘，两面无毛。

花朵：圆锥花序顶生或腋生。花两性或杂性同株，苞片锥形或披针形，无毛，白色。花萼微小，杯状，深裂，裂片卵形，膜质。

果实：果熟期6～10月。果黄棕色，倒卵形至倒卵状椭圆形，扁平。

（2）最佳观赏期　花期4～5月，如图3-289所示。

29. 接骨木/别名：公道老、扦扦活、马尿骚、大接骨丹/忍冬科 接骨木属

（1）观赏形态

株高及冠形：高3～5m，拱形开展。

干枝：枝有皮孔，光滑无毛，髓心淡黄棕色。

叶片：奇数羽状复叶，椭圆状披针形，端尖至渐尖，基部阔楔形，常不对称，缘具锯齿，两面光滑无毛，揉碎后有臭味。

花朵：圆锥状聚伞花序顶生，花冠辐状，白色至淡黄色。

果实：果熟期6～7月。浆果状核果球形，黑紫色或红色。

（2）最佳观赏期　花期4～5月，如图3-290所示。

图3-289　雪柳

图3-290　接骨木

（3）同属其他常用种或品种　西洋接骨木、金叶接骨木、金裂叶接骨木。

30. 红瑞木/别名：凉子木、红瑞山茱萸/山茱萸科 梾木属

（1）观赏形态

株高及冠形：高2～3m，直立丛生状。

干枝：干皮紫红色，幼枝有淡白色短柔毛，后秃净而被蜡状白粉，老枝红白色，散生灰白色圆形皮孔及略为突起的环形叶痕。

叶片：对生，纸质，椭圆形，稀卵圆形，上面暗绿色，有极少的白色平贴短柔毛，下面粉绿色，被白色贴生短柔毛。

花朵：花期5～6月，小，白色或淡黄白色。伞房状聚伞花序顶生，较密，被白色短柔毛。

果实：果期8～10月。核果长圆形，微扁，成熟时乳白色或蓝白色，如图3-291所示。

（2）最佳观赏期　秋季叶片变红色，冬季枝干红色，如图3-292所示。

图3-291　红瑞木（果）

图3-292　红瑞木（形）

二、夏季开花

夏季开花是指花朵在6~8月开放的植物种类，常见植物有：

1. 小花溲疏/别名：喇叭枝、溲疏、多花溲疏、千层皮/虎耳草科 溲疏属

（1）观赏形态

株高及冠形：高2~3m，团状丛生。

干枝：老枝灰褐色或灰色，表皮片状脱落。小枝灰褐色，被星状毛。

叶片：纸质，卵形或卵状披针形，叶柄疏被星状毛。

花朵：伞房花序，花序梗被长柔毛和星状毛。花蕾球形或倒卵形，萼筒杯状，密被星状毛，花瓣白色，阔倒卵形或近圆形，如图3-293所示。

果实：果期8~10月，蒴果球形，如图3-294所示。

图3-293　小花溲疏（花）

图3-294　小花溲疏（果）

（2）最佳观赏期　花期5月下旬~6月上旬。

2. 雪果忍冬/忍冬科 雪果属

（1）观赏形态

株高及冠形：高1~3m，开展球形。

干枝：小枝拱形下垂。

叶片：蓝绿色，边缘有疏粗锯齿，背面粉蓝色，有柔毛。

花朵：总状花序簇生枝顶或生叶腋，花冠钟形，淡粉红色或白色。

果实：浆果，雪白色。

（2）最佳观赏期　花期6~7月，果期8~10月，如图3-295所示。

3. 糯米条/别名：茶条树、小榆蜡叶、山柳树、白花树/忍冬科 糯米条属

（1）观赏形态

株高及冠形：高达2m，直立丛生状。

干枝：枝条密集，幼枝被微毛，带红褐色，小枝皮撕裂。

叶片：卵形至椭圆状卵形，顶端尖至短渐尖，基部宽钝形至圆形，边具浅锯齿，下面沿中脉或侧脉的基部密生柔毛。分枝上部叶片常变小。

花朵：聚伞圆锥花序顶生或腋生，花白色至粉红色，芳香。花萼被短柔毛，倒卵状矩圆形，花冠漏斗状，外有微毛。

果实：果期10月。瘦果状核果，有短柔毛，冠以宿存5萼裂片。

（2）最佳观赏期　花期8~9月，如图3-296所示。

图3-295　雪果忍冬

图3-296　糯米条

4. 紫珠/别名：日本紫珠/马鞭草科 紫珠属

（1）观赏形态

株高及冠形：高2~3m，开展丛生状球形。

干枝：小枝细弱密集，圆柱形，无毛。

叶片：倒卵形、卵形或椭圆形，顶端急尖或长尾尖，基部楔形，两面通常无毛，边缘上半部有锯齿。

花朵：聚伞花序细弱且短小，2~3次分歧，花萼杯状，花冠白色或淡紫色。

果实：球形，径约2.5mm。

（2）最佳观赏期　花期6~7月，果期8~10月，如图3-297所示。

图3-297　紫珠

5. 枸杞/别名：甘杞子、甘州枸杞子/茄科 枸杞属

（1）观赏形态

株高及冠形：高2~3m，近圆球形。

干枝：枝条细弱，弓状弯曲或俯垂，干皮淡灰色，有纵条纹和棘刺，小枝顶端锐尖成棘刺状。

叶片：纸质，单叶互生或2～4枚簇生，卵形、长椭圆形或卵状披针形，顶端急尖，基部楔形。

花朵：在长枝上单生或双生于叶腋，在短枝上则同叶簇生。花冠漏斗状，淡紫色。

果实：浆果红色，卵状。

（2）最佳观赏期　花期7～8月，果期6～11月，如图3-298所示。

6. 胡枝子/别名：胡枝条、扫皮、随军茶/豆科 胡枝子属

（1）观赏形态

株高及冠形：高2～3m，近圆球形。

干枝：分枝多，小枝黄色或暗褐色，有条棱，被疏短毛。

叶片：羽状复叶，具小叶3枚，托叶2枚，线状披针形。小叶质薄，卵形、倒卵形或卵状长圆形，先端钝圆或微凹，稀稍尖，具短刺尖，基部近圆形或宽楔形，全缘。

花朵：总状花序腋生，呈较疏松的圆锥花序，花梗短，密被毛；花萼5浅裂；花冠红紫色，旗瓣倒卵形。

果实：果期9～10月。荚果斜倒卵形，稍扁，表面具网纹，密被短柔毛。

（2）最佳观赏期　花期7～9月，如图3-299所示。

图3-298　枸杞

图3-299　胡枝子

7. 华北珍珠梅/别名：珍珠树、干柴狼/蔷薇科 珍珠梅属

（1）观赏形态

株高及冠形：高达3m，树冠开展近圆形。

干枝：小枝圆柱形，稍有弯曲，光滑无毛，幼时绿色，老时红褐色。

叶片：奇数羽状复叶，小叶11～17，披针形至卵状披针形，重锯齿。

花朵：圆锥花序，花蕾小时似珍珠，花小，白色。

果实：果熟期9～10月，蓇葖果，果梗直立。

（2）最佳观赏期　花期6～8月，如图3-300所示。

图3-300　华北珍珠梅

8. 大花醉鱼草/别名：闭鱼花、阳包树/马钱科 醉鱼草属

（1）观赏形态

株高及冠形：高2～6m，树冠开展近圆形。

干枝：枝条近圆柱形，拱状开展，幼时被锈色星状短绒毛和腺毛，老渐无毛或近无毛。

叶片：对生，纸质，长圆形或椭圆状披针形。

花朵：多朵组成腋生和顶生的宽圆锥状聚散花序，被锈色星状柔毛。

果实：果期8~9月，蒴果椭圆状。

（2）最佳观赏期　5月末~10月，开花连续不断，如图3-301所示。

（3）同属其他常用种或品种　互叶醉鱼草（别名：紫花醉鱼木）、白花醉鱼草。

9. 金叶莸/马鞭草科 莸属

（1）观赏形态

株高及冠形：高1~1.5m，树冠扁圆形。

干枝：小枝密集丛生状，细长柔软。

叶片：单叶对生，长卵形，表面光滑，鹅黄色，背面具银色毛。

花朵：蓝紫色，聚伞花序腋生。

果实：果期10月，蒴果黑棕色。

（2）最佳观赏期　生长期叶片金黄色，花期8月末~10月，如图3-302所示。

图3-301　大花醉鱼草

图3-302　金叶莸

10. 八仙花/别名：绣球花、阴绣球/八仙花科 八仙花属

（1）观赏形态

株高及冠形：高2~3m，灌丛状球形。

干枝：小枝粗壮，皮孔明显，密集丛生。

叶片：对生，厚革质，倒卵形或阔椭圆形，边缘具粗齿，上面亮绿色，下面黄绿色。

花朵：伞房状聚伞花序近球形，小花密集，犹似雪球压树，多数不育，形似绣球而得名。

果实：果期9~10月，蒴果。

（2）最佳观赏期　花期6~7月，如图3-303所示。

（3）同属其他常用种或品种　大花圆锥绣球（别名：大花水亚木）。

图3-303　八仙花

11. 日本绣线菊/别名：粉花绣线菊/蔷薇科 绣线菊属

（1）观赏形态

株高及冠形：高0.6~1.5m，树冠扁圆球形。

干枝：分枝多，小枝细密，直立，梢部拱形下垂。

叶片：披针形，浅绿色，缘有细锯齿。

花朵：复伞房花序生于新枝顶端，密被柔毛，小花繁密，粉红色至紫红色。

果实：果期9~10月，蓇葖果。

（2）最佳观赏期　花期6~8月，如图3-304所示。

（3）同属其他常用种或品种　“金焰”绣线菊、“金山”绣线菊、珍珠绣线菊（别名：珍珠花）、笑靥花（别名：李叶绣线菊）、三桠绣线菊、菱叶绣线菊。

12. 百里香/别名：地花椒、山椒、麝香草/唇形科 百里香属

（1）观赏形态

株高及冠形：高0.5~0.6m，低矮丛生匍匐状。

干枝：枝条密集，褐色。

叶片：狭披针形，长1~1.5cm，具短柄。

花朵：轮伞花序密集成头状，花冠粉紫色。

果实：果期8~9月。

（2）最佳观赏期　花期6~7月，如图3-305所示。

图3-304　粉花绣线菊

图3-305　百里香

三、秋冬季开花

秋冬季开花是指花朵在9月~次年2月开放的植物种类，常见植物有：

1. 蜡梅/别名：黄梅花、香梅/蜡梅科 蜡梅属

（1）观赏形态

株高及冠形：高达3m，直立丛生状。

干枝：幼枝四方形，老枝近圆柱形，粗壮，皮孔明显，灰褐色，无毛或被疏微毛。

叶片：半革质，椭圆状至卵状披针形，先端渐尖，叶基圆形或广楔形，叶表有硬毛，手触摸有粗糙感，叶背光滑。

花朵：单生，花被外轮蜡黄色，中轮有紫色条纹，花黄如蜡，有浓香。

果实：果熟期8月，聚合果紫褐色，果托坛状，如图3-306所示。

图3-306　蜡梅（果）

（2）最佳观赏期　花期12月～翌年3月。

（3）同属其他常用种或品种　狗蝇蜡梅、素心蜡梅。

2. 结香/别名：黄瑞香、打结花/瑞香科 结香属

（1）观赏形态

株高及冠形：高2～3m，树冠近圆球形。

干枝：枝条粗壮柔软，曲枝造成各种形状，常三叉分枝，棕红色，如图3-307所示。

叶片：互生，长椭圆至倒披针形，先端急尖，基部楔形并下延，表面疏生柔毛，背面被长硬毛，具短柄，常簇生枝端，全缘。

花朵：先叶开放，假头状花序，花被筒状，淡黄色，具浓香，如图3-308所示。

图3-307　结香（干）

图3-308　结香（花）

果实：果期6～7月，核果卵形，通常包于花被基部，状如蜂窝。

（2）最佳观赏期　花期12月～翌年3月。

3. 木芙蓉/别名：芙蓉花、拒霜花、木莲、地芙蓉/锦葵科 木槿属

（1）观赏形态

株高及冠形：高2～3m，树冠卵圆形。

干枝：枝干扶疏，密生星状毛。

叶片：互生，阔卵圆形或圆卵形，掌状3～5浅裂，先端尖或渐尖，两面有星状绒毛。

花朵：花朵大，单生于枝端叶腋，有红、粉红、白等色。

果实：果熟期10～11月，蒴果扁球形。

（2）最佳观赏期　花期8～10月，如图3-309所示。

图3-309　木芙蓉

【课题评价】

本课题学习及考核建议：落叶灌木识别的学习和考核，贯穿于平时调查、整理、动手操作的过程中。最终课程结束后，每位同学需建立和拥有属于自己的植物图片库、当地园林植物信息库，方便后期相关课程学习时进行查阅。具体植物种类及课题练习内容，任课教师可根据当地植物资源、常见应用种类及学生实际情况进行

选择。

1. 调查整理本地区常见落叶灌木种类，并简单描述其识别特征（列表归纳，识别要点需要用自己的语言，简练概括进行描述）。

编号	名称	识别特征	花期
1			
2			
…			

2. 收集整理落叶灌木电子图片库。

以小组形式，制作 PPT 上交。PPT 制作要求：每一种落叶灌木的图片至少应包括株形、叶片、应用形式，并标注照片收集来源、场所及时间。

3. 手绘常见落叶灌木，并用彩色铅笔上色。

4. 制作落叶灌木标本。

课题5 常绿藤木

常绿藤木是指枝叶四季常青，茎部细长，不能直立，只能依附在其他物体（如树、墙等）或匍匐于地面上生长的一类植物。

1. 金银花/别名：忍冬/忍冬科 忍冬属

（1）观赏形态

藤蔓：缠绕状，长5~6m。小枝髓心中空，老枝薄皮状剥落。

叶片：幼枝、叶两面、叶柄、苞片、小苞片及萼外面均被柔毛和微腺毛，冬叶微红褐，半常绿。

花朵：芳香，生幼枝叶腋，相邻2萼筒分离。花冠先白后黄色，唇形，冠筒长约唇瓣的1/2。

果实：果实圆形。

（2）最佳观赏期　花期5~6月，如图3-310所示。

（3）同属其他常用种或品种　红金银花、金红久忍冬、“垂红”忍冬。

图3-310　金银花

2. 络石/别名：石龙藤、白花藤/夹竹桃科 络石属

（1）观赏形态

藤蔓：长达10m，茎常有气生根。

叶片：薄革质，椭圆形，全缘，脉间常呈白色，背面有柔毛。冬叶红色。

花朵：腋生聚散花序，萼片5深裂，花后反卷。花冠白色，芳香，裂片5，右旋形如风车。

果实：果期7~12月。线形果，对生，长15cm。

（2）最佳观赏期　生长期叶色浓绿，冬季叶片变红，花期5～7月，如图3-311所示。

（3）同属其他常用种或品种　石血、斑叶络石（别名：初雪葛、五色葛、花叶络石）。

3. 蔓长春花/别名：攀缠长春花/夹竹桃科 长春花属

（1）观赏形态

藤蔓：长2～3m，多丛生状。营养枝蔓性，细弱下垂或匍匐地面，细长少分枝，基部稍木质，开花枝直立。

叶片：对生，卵圆形，先端急尖，叶缘及柄有毛，具光泽。

花朵：单朵生于腋下，花冠蓝色，花冠筒漏斗状，花淡紫草色。

果实：蓇葖果。

（2）最佳观赏期　花期春夏季至初秋，如图3-312所示。

图3-311　络石

图3-312　蔓长春花

（3）同属其他常用种或品种　花叶蔓长春花。

4. 常春藤/别名：三角风、散骨风、枫荷梨藤、洋常春藤/五加科 常藤属

（1）观赏形态

藤蔓：长3～20m。木质茎，多分枝，茎上有气生根。

叶片：叶有两型，营养枝上的叶呈三角状卵形，全缘或3浅裂；花果枝上的叶呈椭圆状卵形至卵状披针形，全缘。

花朵：花期9～11月。伞状花序，淡黄色或绿白色，微香。

果实：果期翌年4～5月。球形，熟时橙红或橙黄色。

（2）最佳观赏期　四季观赏常绿叶片，如图3-313所示。

图3-313　常春藤

（3）同属其他常用种或品种　中华常春藤。

5. 扶芳藤/别名：金线风、爬墙草/卫矛科 卫矛属

（1）观赏形态

藤蔓：长1m至数米。小枝方棱不明显，绿色，光滑，园艺栽培中为常绿藤本或灌丛状。

叶片：薄革质，椭圆形或长倒卵形，宽窄变异大，叶缘锯齿浅不明显。叶色深绿，叶脉明显，冬季变暗褐绿色。

花朵：花期6月。聚伞花序3~4次分枝，小花白绿色。

果实：果期10月。蒴果粉红色，果皮光滑，近球形，假种皮鲜红色。

（2）最佳观赏期　四季观赏常绿叶片，如图3-314所示。

（3）同属其他常用种或品种　爬行卫矛（别名：小叶扶芳藤）、花叶爬行卫矛。

6. 叶子花/别名：三角花、室中花、九重葛/紫茉莉科 叶子花属

（1）观赏形态

藤蔓：藤本状灌木，长达3m。干枝上有弯刺，并密生绒毛。

叶片：单叶互生，卵形全缘，被厚绒毛，顶端圆钝。

花朵：非常细小，黄绿色，三朵聚生于三片红苞中，外围的红苞片大且美丽，被误认为花瓣，因其形状似叶而得名。

果实：密生柔毛。

（2）最佳观赏期　花期从11月起至翌年3月，如图3-315所示。

图3-314　扶芳藤

图3-315　叶子花

7. 薜荔/别名：木莲、凉粉果/桑科 榕属

（1）观赏形态

藤蔓：长3~10m不等。不结果枝节上生不定根。

叶片：卵状心形，薄革质，基部稍不对称，尖端渐尖，叶柄很短。

花朵：隐花。

果实：隐花果实单生叶腋，梨形或倒卵形，熟时暗绿色。

（2）最佳观赏期　四季观赏常绿叶片，如图3-316所示。

（3）同属其他常用种或品种　花叶薜荔、矮叶薜荔。

图3-316　薜荔

8. 炮仗花/别名：黄鳝藤/紫葳科 炮仗藤属

（1）观赏形态

藤蔓：长约10m。茎粗壮，有棱，小枝有纵槽纹。

叶片：复叶对生，小叶3枚卵状椭圆形，顶生小叶线形，卷须3杈。

花朵：顶生圆锥花序，下垂。花冠橙红色，管状，长约6cm，端5裂，稍呈二唇形，外反卷，有明显白色，累累成串，状如炮仗。

果实：蒴果。

（2）最佳观赏期　花期1～6月，如图3-317所示。

9. 马缨丹/别名：五色梅、臭草/马鞭草科 马缨丹属

（1）观赏形态

藤蔓：长达2m，常呈低矮状匍匐生长。小枝四方形，有许多细刺。

叶片：单叶对生，揉烂后有强烈的气味，叶片卵形至卵状长圆形，有叶柄。

花朵：花序梗粗壮，长于叶柄，苞片披针形，外部有粗毛，花萼管状，膜质，顶端有极短的齿。花冠黄色或橙黄色，开花后不久转为深红色，花冠管两面有细短毛，子房无毛。

果实：圆球形，成熟时紫黑色。

（2）最佳观赏期　全年开花，如图3-318所示。

图3-317　炮仗花

图3-318　马缨丹

（3）同属其他常用种或品种　蔓马缨丹。

10. 龙吐珠/别名：麒麟吐珠、珍珠宝草、臭牡丹藤/马鞭草科 赪桐属

（1）观赏形态

藤蔓：长达5m，茎四棱。

叶片：单叶对生，深绿色，卵状矩圆形或卵形，先端渐尖，基部浑圆，叶脉由基部三出，全缘，有短柄。

花朵：聚伞花序，顶生或腋生，呈疏散状，二歧分枝。花萼筒短，绿色，裂片白色，卵形，宿存。花冠筒圆柱形，柔弱，5裂片深红色，从花萼中抻出，雄蕊及花柱很长，突出花冠外。

果实：肉质球形，蓝色，种子较大，长椭圆形，黑色。

（2）最佳观赏期　花期3～5月，如图3-319所示。

图3-319　龙吐珠

11. 鸳鸯茉莉/别名：番茉莉、双色茉莉/茄科 鸳鸯茉莉属

（1）观赏形态

藤蔓：长达2m，园艺栽培中常为灌木状。干皮灰白色，分枝力强。

叶片：单叶互生，叶椭圆形，先端渐尖，具短柄，叶面草绿色。

花朵：单生或多朵聚生，花被呈高脚碟状，花瓣5枚半圆形，有浅裂，花萼呈筒状。花朵初开为蓝紫色，渐变为雪青色，最后变

为白色，由于花开有先后，在同株上能同时见到蓝紫色和白色的花，故又叫双色茉莉。

果实：稀见果。

（2）最佳观赏期　花期4～10月，如图3-320所示。

12. 球兰/别名：蜡兰、樱兰/萝藦科 球兰属

（1）观赏形态

藤蔓：长2～3m。茎肉质，茎节处生有气生根，能攀附他物生长。

叶片：对生，肉质，卵圆形至长圆形，顶端钝，基部圆形，侧脉不明显。

花朵：聚伞花序伞形状，腋生。花白色，花冠辐状，花冠筒短，裂片外面无毛，内面多乳头状突起，副花冠星状。

果实：果期7～8月。蓇葖线形，光滑，种子顶端具白色绢质种毛。

（2）最佳观赏期　花期4～6月，如图3-321所示。

图3-320　鸳鸯茉莉

图3-321　球兰

【课题评价】

本课题学习及考核建议：常绿藤木识别的学习和考核，贯穿于平时调查、整理、动手操作的过程中。最终课程结束后，每位同学需建立和拥有属于自己的植物图片库、当地园林植物信息库，方便后期相关课程学习时进行查阅。具体植物种类及课题练习内容，任课教师可根据当地植物资源、常见应用种类及学生实际情况进行选择。

1. 调查整理本地区常见常绿藤木种类，并简单描述其识别特征（列表归纳，识别要点需要用自己的语言，简练概括进行描述）。

编　号	名　称	识别特征	花　期
1			
2			
…			

2. 收集整理常绿藤木电子图片库。

以小组形式，制作PPT上交。PPT制作要求：每一种常绿藤木的图片至少应包括株形、叶片、应用形式，并标注照片收集来源、场所及时间。

3. 手绘常见常绿藤木，并用彩色铅笔上色。

4. 常绿藤木的标本制作。

课题6 落叶藤木

落叶藤木是指春夏枝叶繁茂，秋冬落叶、休眠，依靠地上部分的枝茎攀缘生长或匍匐地面生长的木本植物。常见的有凌霄、地锦、葡萄、紫藤、云实、猕猴桃、铁线莲、木香等。

1. 凌霄/别名：女藏花、凌霄花/紫葳科 凌霄属

（1）观赏形态

藤蔓：长9~10m。借气根攀缘，干皮灰褐色，呈细长状纵裂，小枝紫褐色。

叶片：奇数羽状复叶对生，小叶7~9片，叶缘疏生粗齿，长卵形。

花朵：顶生聚伞花序，花冠唇状漏斗形，红色。花萼绿色，5裂至中部，有5条纵棱。

果实：果期10月。蒴果，细长如豆荚，先端钝，种子有膜质翅。

（2）最佳观赏期　花期5~8月，如图3-322所示。

（3）同属其他常用种或品种　美国凌霄。

2. 地锦/别名：石血/葡萄科 葡萄属

（1）观赏形态

藤蔓：长达18m。枝条粗壮，老枝灰褐色，幼枝紫红色。枝上有卷须，卷须短，多分枝，顶端有吸盘。

叶片：宽卵形，先端多3裂，或深裂成3小叶，基部心形，边缘有粗锯齿。

花朵：花序常生于短枝顶端两叶之间。

果实：球形，蓝黑色，被白粉。

（2）最佳观赏期　秋季叶片变橙黄色或红色，如图3-323所示。

图3-322　凌霄

图3-323　地锦

（3）同属其他常用种或品种　三叶地锦（别名：三叶爬山虎）、五叶地锦（别名：五叶爬山虎）。

3. 葡萄/别名：草龙珠、赐紫樱桃、菩提子/葡萄科 葡萄属

（1）观赏形态

藤蔓：长达20m。小枝圆柱形，有纵棱纹，无毛或被稀疏柔毛。有卷须且2叉分枝，每隔2节间断与叶对生。

叶片：卵圆形，中掌状深裂，裂片顶端急尖，裂片常靠合，基部常缢缩，裂缺狭窄，间或宽阔，基部深心形，边缘有锯齿，齿深且粗大。

花朵：花期4～5月。圆锥花序密集或疏散，多花，与叶对生。
果实：球形或椭圆形，种子倒卵椭圆形。
（2）最佳观赏期　果期8～9月，如图3-324所示。

4. 紫藤/别名：藤萝、朱藤、黄环/蝶形花科 紫藤属

（1）观赏形态
藤蔓：长18～30m。树干粗壮盘桓扭绕，宛若蛟龙，干皮浅灰褐色，小枝淡褐色，被白色柔毛，后秃净。
叶片：羽状复叶互生，小叶7～13，对生，卵状长椭圆形至卵状披针形。
花朵：圆锥花序大，下垂。小花蝶形，淡紫色，具芳香。
果实：果熟期9～10月，荚果，长条形，密被黄色绒毛。
（2）最佳观赏期　花期4～5月，如图3-325所示。

图3-324　葡萄

图3-325　紫藤

（3）同属其他常用种或品种　日本紫藤。

5. 云实/别名：药王子、牛网刺、阎王刺/云实科 苏木属

（1）观赏形态
藤蔓：长5～10m。干皮暗红色，密生倒钩刺。
叶片：二回羽状复叶对生，有柄，基部有刺1对，每羽片有小叶7～15对，膜质，长圆形，有阔托叶，半边箭头状，早落。
花朵：总状花序顶生，总花梗多刺。花左右对称，黄色，盛开时反卷。
果实：果期4～10月。荚果近木质，短舌状，偏斜，稍膨胀。
（2）最佳观赏期：花期4～8月，如图3-326所示。

图3-326　云实

6. 猕猴桃/别名：奇异果/猕猴桃科 猕猴桃属

（1）观赏形态
藤蔓：长达10m。长枝先端逆时针缠绕，能攀附于其他植物或支架上，小枝幼时密生灰棕色绒毛，老叶渐脱落。
叶片：纸质，营养枝上的叶宽卵圆形或椭圆形，花枝上的叶近圆形，缘有纤毛状细锯齿，背面密生白色茸毛。

花朵：杂性，多为雌雄异株，3～6朵形成聚伞花序，初为白色，后转为淡黄色，有香味，如图3-327所示。

果实：浆果近球形至椭圆形，黄褐绿色，被棕色绒毛，香蕉味，如图3-328所示。

图3-327 猕猴桃（花）

图3-328 猕猴桃（果）

（2）最佳观赏期 花期4～5月，果熟期8～9月。

7. 铁线莲/别名：铁线牡丹、番莲/毛茛科 铁线莲属

（1）观赏形态

藤蔓：长1～2m。干皮棕色或紫红色，具六条纵纹。

叶片：二回三出复叶，小叶片狭卵形至披针形。

花朵：单生于叶腋，近于无毛，白色。

果实：瘦果倒卵形，扁平，边缘增厚。

（2）最佳观赏期 花期5～6月，如图3-329所示。

（3）同属其他常用种或品种 重瓣铁线莲。

8. 木香/别名：蜜香、五香、广木香/蔷薇科 蔷薇属

（1）观赏形态

藤蔓：长达6m。枝细长绿色，光滑少刺。

叶片：小叶3～5（7），长椭圆披针形，缘有细齿，托叶线形，与叶柄离生，早落。

花朵：白色或淡黄色，单瓣或重瓣，芳香。

果实：近球形，红色，径3～4mm，萼片脱落。

（2）最佳观赏期 花期4～5月，如图3-330所示。

图3-329 铁线莲

图3-330 木香

（3）同属其他常用种或品种 重瓣白木香、重瓣黄木香。

【课题评价】

本课题学习及考核建议：落叶藤木识别的学习和考核，贯穿于平时调查、整理、动手操作的过程中。最终课程结束后，每位同学需建立和拥有属于自己的植物图片库、当地园林植物信息库，方便后期相关课程学习时进行查阅。具体植物种类及课题练习内容，任课教师可根据当地植物资源、常见应用种类及学生实际情况进行选择。

1. 调查整理本地区常见落叶藤木种类，并简单描述其识别特征（列表归纳，识别要点需要用自己的语言，简练概括进行描述）。

编　号	名　称	识别特征	花　期
1			
2			
…			

2. 收集整理落叶藤木电子图片库。

以小组形式，制作PPT上交。PPT制作要求：每一种落叶藤木的图片至少应包括株形、叶片、应用形式，并标注照片收集来源、场所及时间。

3. 手绘常见落叶藤木，并用彩色铅笔上色。

4. 制作落叶藤木标本。

单元4　观赏竹

观赏竹指的是禾本科竹亚科的观赏竹类植物，是专门培植来供观赏的园林应用竹类植物，一般有比较奇特的竿形和株形，或者奇异的颜色等。观赏竹类翠绿常青，挺秀风雅，具“值霜雪而不凋，历四时而常茂”的性格，有姿、色、声、韵和精神之美，栽于庭院曲径、天井屋隅，别有情趣，或盆栽布景，也意味深长，是最富中国特色的园林植物之一。

一、单轴散生

1. 毛竹/别名：孟宗竹、猫头竹/禾本科 刚竹属

（1）观赏形态

株高：高达20m。

干枝：竿径12~20cm。基部节间短，长1~5cm，中部节间长达30cm，每节一环，竿环不明显。箨鞘厚，密生褐色粗毛，并有褐黑色斑点。

叶片：每小枝2~3叶，叶片披针形，长5~10cm，叶舌隆起。

（2）最佳观赏期　四季常绿，观茎竿、叶片、株形，如图4-1所示。

图4-1　毛竹

2. 人面竹/别名：罗汉竹、布袋竹/禾本科 刚竹属

（1）观赏形态

株高：竿高达12m。

干枝：竿径2~5cm。基部或有时中部的数节极短，节间缢缩或肿胀，节有时交互倾斜，竿环中度隆起与箨环同高或略高。箨环幼时生一圈白色易落的短毛，箨鞘背面黄绿色或淡褐黄带红色。

叶片：末级小枝有2或3叶，叶片狭长披针形或披针形，长6~12cm。

（2）最佳观赏期　四季常绿，观茎竿、叶片、株形，如图4-2所示。

图4-2　人面竹

3. 早园竹/别名：沙竹、雷竹/禾本科 刚竹属

（1）观赏形态

株高：高达10m。

干枝：竿径2~5cm。中部节长30~40cm，无毛，

新竿布满白粉，老竿仅节下有白粉环，竿环隆起。箨鞘淡红褐色或淡绿色，有稀疏和紫色斑点，无毛和白粉，无箨耳。箨舌截平，暗紫色，微有波折，边缘具细短纤毛。

叶片：每小枝5~7叶，常保留3叶。叶片披针形或带状披针形，长7~17cm，宽1.2~2cm。

（2）最佳观赏期　四季常绿，观茎竿、叶片，如图4-3所示。

4. 淡竹/别名：粉绿竹/禾本科 刚竹属

（1）观赏形态

株高：高达10m。

干枝：竿径2~5cm。中部节长达40cm，无毛，新竿布满白粉，老竿仅节下有白粉环，竿环隆起。箨鞘淡红褐色或淡绿色，有稀疏的紫色斑点，无毛和白粉，无箨耳。箨舌截平，暗紫色，微有波折，边缘具细短纤毛。

叶片：每小枝5~7叶，常保留3叶。叶片长7~17cm，宽1.2~2cm，叶舌紫褐色。

（2）最佳观赏期　四季常绿，观茎竿、叶片、株形，如图4-4所示。

图4-3　早园竹

图4-4　淡竹

（3）其他常用品种　筠竹。

5. 紫竹/别名：黑竹、乌竹/禾本科 刚竹属

（1）观赏形态

株高：高达10m。

干枝：竿径2~5cm。中部节长25~30cm，竿节两环隆起，新竿绿色，老竿紫黑色。箨鞘背面密生粗毛，无斑点，箨耳椭圆形，常2裂，箨舌紫色，弧形。

叶片：每小枝2~3叶，长6~10cm，宽1~1.5cm。

（2）最佳观赏期　四季常绿，观茎竿、叶片、株形，如图4-5所示。

（3）同属其他常用种或品种　毛金竹。

图4-5　紫竹

6. 黄槽竹/别名：玉镶金竹/禾本科 刚竹属

（1）观赏形态

株高：高达9m。

干枝：竿径1～3cm。竿绿色或黄绿色，凹槽处黄色，竿环、箨环均隆起。箨鞘质地较薄，背部有毛，具有稀疏小斑点，上部纵脉明显隆起。箨舌弧形，有短于其本身的白短纤毛，箨耳常镰形，与箨叶明显相连。

叶片：末级小枝2或3叶，长约12cm，宽约1.4cm。

（2）最佳观赏期　四季常绿，观茎竿、叶片、株形，如图4-6所示。

（3）其他常用品种　金镶玉竹、黄竿京竹。

7. 桂竹/别名：刚竹/禾本科 刚竹属

（1）观赏形态

株高：高达20m。

干枝：竿径14～16cm。新竿绿色，常无粉无毛，老竿深绿色。箨鞘黄褐色，背密被黑紫色斑点或斑块，常疏生直立短硬毛，箨叶带状，橘红色而有绿色边缘。

叶片：小枝具叶3～6，常留2～3叶。

（2）最佳观赏期　四季常绿，观茎竿、叶片、株形，如图4-7所示。

（3）其他常用品种　斑竹、黄金间碧玉竹。

图4-6　黄槽竹

图4-7　桂竹

8. 金竹/别名：黄皮刚竹、黄金竹、黄竿/禾本科 刚竹属

（1）观赏形态

株高：高达15m。

干枝：竿径5～10cm。竿及枝呈金黄色，有的竿节间（非沟槽处）常具1～2条甚狭长之纵长绿色环，分枝以下仅具箨环。箨鞘呈黄并具绿纵纹及不规则的淡棕色斑点，无毛，箨舌显著，先端截平，边缘具粗须毛。

叶片：末级小枝有2～5叶，叶片长5.6～13cm，宽1.1～2.2cm。

（2）最佳观赏期　四季常绿，观茎竿、叶片、株形，如图4-8所示。

图4-8　金竹

9. 苦竹/别名：伞柄竹、石竹/禾本科 大明竹属

（1）观赏形态

株高：高达5m。

干枝：竿径1.5～2cm。幼竿淡绿色，具白粉，老后渐转绿黄色，被灰白色粉斑，竿散生或丛生，圆筒形，节间长27～29cm。竿环隆起，高于箨环，箨环留有箨鞘基部木栓质的残留物，箨鞘革质，绿色，被较厚白粉。

叶片：末级小枝具3或4叶，叶长4～20cm，宽1.2～2.9cm，下表面淡绿色，生有白色绒毛。

（2）最佳观赏期 四季常绿，观茎竿、叶片、株形，如图4-9所示。

二、合轴丛生

1. 孝顺竹/别名：凤凰竹、蓬莱竹、慈孝竹/禾本科 簕竹属

（1）观赏形态

株高：高达8m。

干枝：丛生，竿径2～4cm。新竿绿色，后变黄，竿节粗大，分枝多，主枝较粗。竿箨幼时薄被白蜡粉，早落，箨鞘呈梯形，背面无毛，呈不对称的拱形，箨耳极小。

叶片：每小枝5～10叶，排成二列。叶长4～14cm，宽0.7～1.6cm，叶背粉绿色，无叶柄。

（2）最佳观赏期 四季观赏茎竿、叶片及株形，如图4-10所示。

图4-9 苦竹

图4-10 孝顺竹

（3）同属其他常用品种 凤尾竹、观音竹、花孝顺竹（别名：小琴丝竹）。

2. 佛肚竹/别名：小佛肚竹/禾本科 簕竹属

（1）观赏形态

株高：高达10m。

干枝：丛生，竿径3～5cm。竿2型，正常竿圆筒形，节间长，畸形竿矮且粗，节间短，下部膨大。箨鞘无毛，老时橘红色，箨耳发达，箨舌极短。

叶片：叶长9～18cm，宽1～2cm，上表面无毛，下表面密生短柔毛。

（2）最佳观赏期　四季常绿，观茎竿、叶片、株形，如图4-11所示。

3. 粉单竹/禾本科 簕竹属

（1）观赏形态

株高：高达18m。

干枝：丛生，竿径3~7cm。节间长达50cm，圆筒形，新竿密生白色蜡粉，无毛；竿环平，箨环隆起成有木栓质圈。箨鞘早落，黄色，远较节间短，薄而硬，仅于基部被暗绿色柔毛。

叶片：末级小枝具7叶，叶长10~16cm，宽1~2cm，不具小横脉。

（2）最佳观赏期　四季常绿，观茎竿、叶片、株形，如图4-12所示。

图4-11　佛肚竹

图4-12　粉单竹

4. 慈竹/别名：钓鱼慈、钓鱼竹/禾本科 簕竹属

（1）观赏形态

株高：高达10m。

干枝：密集丛生，竿径3~6cm。顶端细长，弯曲下垂如钓丝状，竿下部数节的节内常有白色毛环。箨鞘革质，背面贴生棕黑色刺毛，先端稍呈山字形，箨耳狭小，箨舌流苏状。

叶片：长10~30cm，宽1~3cm，质薄，上表面无毛，下表面被细柔毛，小横脉不存在，叶缘通常粗糙。

（2）最佳观赏期　四季常绿，观茎竿、叶片、株形，如图4-13所示。

图4-13　慈竹

三、混生型

1. 阔叶箬竹/禾本科 箬竹属

（1）观赏形态

株高：高达2m。

干枝：下部竿径5~8mm，节间长5~20cm，被微毛，每节1~3分枝。竿箨宿存，背部有棕色刺毛，箨耳不明显，箨叶小，箨舌平截，箨叶易脱落。

叶片：小枝1~3叶，叶长10~45cm，宽2~9cm，次脉6~12对。叶鞘革质，无叶耳。

（2）最佳观赏期　四季常绿，观叶片、株形，如图4-14所示。

（3）同属其他常用种或品种　箬竹、箬叶竹。

2. 菲白竹/禾本科 赤竹属

（1）观赏形态

株高：高0.2~0.3m。

干枝：丛生，径1~2mm，光滑无毛。竿环较平坦，不分枝或每节仅1分枝，箨鞘宿存，无毛。

叶片：每小枝4~7叶，叶长6~15cm，宽0.8~1.4cm，绿色并具有黄色、浅黄色或白色条纹。

（2）最佳观赏期　四季常绿，观叶片、株形，如图4-15所示。

图4-14　阔叶箬竹

图4-15　菲白竹

（3）同属其他常用种或品种　菲黄竹。

3. 铺地竹/禾本科 赤竹属

（1）观赏形态

株高：高约0.5m。

干枝：竿径2~3mm。节间长约10cm，箨鞘绿色，短于节间，竿绿色，节下具有窄的白粉环。箨鞘基部具白色长纤毛，边缘具淡棕色纤毛，无箨耳。

叶片：叶长3~7cm，绿色，新叶常具黄绿或白色纵条纹。

（2）最佳观赏期　四季常绿，观叶片、株形，如图4-16所示。

图4-16　铺地竹

4. 鹅毛竹/禾本科 倭竹属

（1）观赏形态

株高：高达1m。

干枝：竿径2~3mm。节间长7~15cm，有分枝的节间略呈3棱形。竿环隆起远比箨环高，箨鞘早落，膜质，无毛，顶端有缩小叶，鞘口有毛。

叶片：小枝顶端1~2叶，叶长6~10cm，宽1~2.5cm，有小锯齿，两面无毛。

（2）最佳观赏期　四季常绿，观叶片、株形，如图4-17所示。

（3）其他常用品种　倭竹。

图4-17　鹅毛竹

【课题评价】

本课题学习及考核建议：观赏竹识别的学习和考核，贯穿于平时调查、整理、动手操作的过程中。最终课程结束后，每位同学需建立和拥有属于自己的植物图片库、当地园林植物信息库，方便后期相关课程学习时进行查阅。具体植物种类及课题练习内容，任课教师可根据当地植物资源、常见应用种类及学生实际情况进行选择。

1. 调查整理本地区常见观赏竹种类，并简单描述其识别特征（列表归纳，识别要点需要用自己的语言，简练概括进行描述）。

编　号	名　称	识别特征	花　期
1			
2			
…			

2. 收集整理观赏竹电子图片库。

以小组形式，制作PPT上交。PPT制作要求：每一种观赏竹的图片至少应包括株形、叶片、应用形式，并标注照片收集来源、场所及时间。

3. 手绘常见观赏竹，并用彩色铅笔上色。

4. 制作观赏竹标本。

【相关知识】

1. 叶鞘

叶鞘位于叶片基部，扩大伸长，包围着茎竿，具有保护幼芽、居间分生组织以及加强茎竿的支持作用。

2. 叶枕

叶片和叶鞘相连处的外侧有一色泽稍淡的环，称为叶枕。叶枕具有弹性和延伸性，借以调节叶片的位置。

3. 叶舌

叶鞘和叶片相连接处的内侧，有一膜质片状的突出物称为叶舌，可以防止害虫、水分、病菌、孢子等进入叶鞘，也能使叶片向外伸展以调节和控制叶片的方向。

4. 叶耳

在叶舌的两侧，有一对从叶片基部边缘伸出的突出物，称为叶耳。

5. 竹茎

竹茎在外形上具有明显的节和节间，节间中空称髓腔。茎周围的壁称为竹壁，自外而内为竹青、竹肉和竹黄。竹青呈绿色；竹黄是髓腔的壁；竹肉介于竹青和竹黄之间。

6. 禾本科

禾本科是种子植物的大科，约620属1万余种。通常分为两个亚科，即竹亚科和禾亚科。

7. 竹亚科

竿一般为木质，多为灌木或乔木状，竿的节间常中空；主竿叶（秆箨即竹笋叶）与普通叶明显不同；秆箨的叶片（箨片）通常缩小且无明显的中脉；普通叶片具短柄，且与叶鞘相连成一关节，叶易自叶鞘脱落。

单元5　棕榈类植物

棕榈科植物多为常绿乔木或灌木，较少为攀缘藤本。树干常不分枝，树冠“棕榈型”，叶大，掌状或羽状开裂，叶鞘常具纤维，肉穗花序再分枝呈圆锥花序，浆果、核果或坚果。约183属2450种，广布热带及亚热带地区，我国约18属77种，主产西南和东南部，另引入栽培的种属也有多种。本科多为特用经济树种，有纤维、油料、淀粉、药用、饮料、用材等植物，树形幽雅，具热带特色，供园林绿化和观赏。

1. 棕榈/别名：棕树/棕榈科 棕榈属

（1）观赏形态

株高及冠形：高3~10m，树冠开展。

干枝：干径可达50~80cm，圆柱形，不分枝，被不易脱落的老叶柄基部和密集的网状纤维。

叶片：簇生茎端，掌状深裂至中部以下，裂片较硬直，先端下垂，叶柄两边有细齿。

花朵：雌雄异株，圆锥花序，鲜黄色。

果实：果实阔肾形，有脐，成熟时由黄色变为淡蓝色，有白粉。

（2）最佳观赏期　四季观赏常绿叶片及株形，花期4~5月，果期10~12月，如图5-1所示。

图5-1　棕榈

2. 蒲葵/别名：扇叶葵/棕榈科 蒲葵属

（1）观赏形态

株高及冠形：高10~20m，树冠近圆球形。

干枝：干径达30cm，单干直立，干基部常膨大；具叶柄环痕和纵裂。

叶片：阔肾状扇形，掌状深裂达叶的2/3，裂片线状披针形，顶部长渐尖，再深2裂，柔软下垂，两面绿色。叶柄两侧具骨质钩刺，叶鞘褐色，纤维多。

花朵：雌雄同株，肉穗花序圆锥状腋生，花两性，黄绿色。

果实：核果椭圆形，状如橄榄，熟时紫黑色。

（2）最佳观赏期　四季观赏常绿叶片及株形，花期3～4月，果期11月，如图5-2所示。

图5-2　蒲葵

3. 假槟榔/别名：亚历山大椰子/棕榈科 槟榔属

（1）观赏形态

株高及冠形：高20～30m，树冠开展。

干枝：干径15～25cm，幼时为绿色，老则灰白色，光滑而有梯形环纹，基部略膨大。

叶片：簇生于干端，羽状全裂，拱状下垂。裂片多数，沿叶轴两侧排列，先端渐尖而略2浅裂，叶表面绿色，背面灰绿，有白粉。叶鞘膨大抱茎，革质。

花朵：雌雄同株异序，肉穗花序生于叶丛之下。花单性，米黄色，如图5-3所示。

果实：果卵球形，红色。

（2）最佳观赏期　四季观赏常绿叶片及干形、株形；花期4月，果期4～7月，如图5-4所示。

图5-3　假槟榔（花）

图5-4　假槟榔（形）

4. 王棕/别名：大王椰子/棕榈科 大王椰子属

（1）观赏形态

株高及冠形：高10～20m，树冠开展。

干枝：干皮灰色，光滑，茎具整齐的环状叶鞘痕，幼时基部膨大，老时近中部膨大。

叶片：聚生茎顶，羽状全裂，裂片条状披针形，端渐尖或浅2裂，披散状4行排列，弓形并常下垂，叶鞘光滑。

花朵：雌雄同株。肉穗花序生于叶鞘束下，多分枝，花小，单性。

果实：果实近球形，红褐色至淡紫色。

（2）最佳观赏期　四季观赏常绿叶片及干形、株形，花期4~6月，果期7~8月，如图5-5所示。

（3）同属其他常用种或品种　金山葵（别名：皇后葵）。

图5-5　王棕

5. 鱼尾葵/别名：青棕、假桄榔/棕榈科 鱼尾葵属

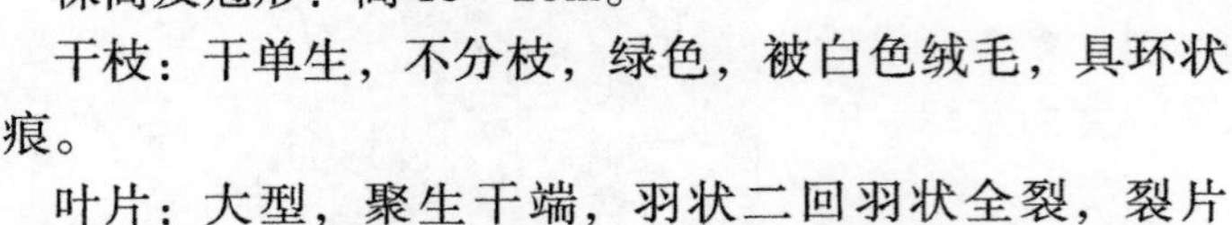

（1）观赏形态

株高及冠形：高10~20m。

干枝：干单生，不分枝，绿色，被白色绒毛，具环状叶痕。

叶片：大型，聚生干端，羽状二回羽状全裂，裂片厚，革质，大且粗壮，上部有不规则齿状缺刻，先端下垂，酷似鱼尾。叶鞘巨大，长圆筒状，抱茎，如图5-6所示。

花朵：雌雄同株。圆锥状肉穗花序腋生，多分枝，下垂，花小，单性。

果实：果实球形，熟时淡红色。

（2）最佳观赏期　四季观赏奇特叶形及株形，花期6~7月，果期8~11月，如图5-7所示。

（3）同属其他常用种或品种　短穗鱼尾葵、董棕。

图5-6　鱼尾葵（叶）

图5-7　鱼尾葵（形）

6. 长叶刺葵/别名：加那利海枣/棕榈科 刺葵属

（1）观赏形态

株高及冠形：高10~15m，树冠半球形。

干枝：干径达90cm，干直立，不分枝，上有整齐且排列紧密的扁棱形叶鞘痕。

叶片：大型，羽状全裂，裂片多且密生，坚挺且向上内折，排列整齐。叶色亮绿，基部小叶呈三角锥状刺，常2枚聚生。

花朵：雌雄异株。肉穗花序从叶间抽出，多分枝，花小，黄褐色。

果实：浆果长椭圆形，熟时黄色至淡红色。

（2）最佳观赏期 四季观赏常绿叶片及株形，花期5～7月，果期8～9月，如图5-8所示。

（3）同属其他常用种或品种 海枣（别名：伊拉克蜜枣）、刺葵（别名：小针葵）、软叶刺葵（别名：江边刺葵）。

7. 国王椰子/别名：佛竹、密节竹/棕榈科 非洲椰子属

（1）观赏形态

株高及冠形：高9～12m，树冠开展。

干枝：单生，干径20～80cm，下粗上细，表面光滑，密布叶鞘脱落后留下的轮纹。

叶片：大型，老叶斜展，中部以上常旋扭下弯。羽状全裂，裂片线形，基部稍内折，排成整齐2列，两面翠绿。

花朵：雌雄异株，肉穗状花序生于叶鞘束下。

果实：核果近球形，熟时红褐色。

（2）最佳观赏期 四季观赏叶片及株形，花期8～9月，如图5-9所示。

图5-8 长叶刺葵

图5-9 国王椰子

8. 散尾葵/别名：黄椰子/棕榈科 散尾葵属

（1）观赏形态

株高及冠形：高7～8m。

干枝：丛生，干光滑，黄绿色，嫩时被蜡粉，环痕明显。

叶片：羽状全裂，长约1m，裂片条状披针形，排成2列，先端渐尖，背面主脉隆起，老叶常变成黄色。

花朵：雌雄同株，肉穗花序生于叶鞘束下，花小，金黄色。

果实：略为陀螺形或倒卵形，鲜时土黄色，干时紫黑色，外果皮光滑。

（2）最佳观赏期 四季观赏叶片及株形，花期3～5月，果期8月，如图5-10所示。

图5-10 散尾葵

9. 袖珍椰子/棕榈科 竹节椰子属

（1）观赏形态

株高及冠形：高达1.8m。

干枝：茎单生，细长，深绿色，上有不规则环纹。

叶片：羽状全裂，裂片条形至披针形，镰刀状，深绿色，有

光泽。

花朵：雌雄同株，肉穗状花序腋生，花黄色呈小珠状。

果实：浆果卵圆形，蓝黑色或橙红色。

（2）最佳观赏期　四季观赏叶片及株形，花期春季，如图5-11所示。

10. 棕竹/别名：筋头竹/棕榈科 棕竹属

（1）观赏形态

株高及冠形：高2～3m。

干枝：丛生，干细而有节，色绿如竹，上部包有褐色网状叶鞘。

叶片：掌状3～10深裂，裂片较宽，边缘或中脉有褐色短齿刺，叶柄顶端的小戟突常半圆形。

花朵：雌雄异株，肉穗花序长约30cm，花淡黄色，螺旋状着生。

果实：果小，球状倒卵形。

（2）最佳观赏期　四季观赏叶片及株形。花期4～5月，果期10～12月，如图5-12所示。

（3）同属其他常用种或品种　细叶棕竹（别名：矮棕竹）、细棕竹。

图5-11　袖珍椰子

图5-12　棕竹

11. 酒瓶椰子/棕榈科 酒瓶椰子属

（1）观赏形态

株高及冠形：高2～4m。

干枝：树干平滑，酒瓶状，径可达80cm。中部以下膨大，近顶部渐狭成长颈状。

叶片：集生茎端，裂片30～50对，线形，排成2列，淡绿色。

花朵：肉穗花序多分枝，花小，黄绿色。

果实：浆果椭球形，熟时黑褐色。

（2）最佳观赏期　四季观赏叶片、干形，花期8月，果期次年3～4月，如图5-13所示。

图5-13　酒瓶椰子

12. 老人葵/别名：丝葵、华盛顿葵、加州蒲葵/棕榈科 丝葵属

（1）观赏形态

株高及冠形：高达25m。

干枝：干近基部略膨大，径可达1.3m，树干常具下垂的

枯叶。

叶片：大型，径达1.8m，掌状50~80中裂，裂片边缘垂挂有白色的纤维丝。

花朵：花小，两性，乳白色，几无梗，生于肉穗花序的分支上。

果实：核果球形，熟时黑色。

（2）最佳观赏期　四季观赏叶片及株形，花期6~8月，果期9~12月，如图5-14所示。

图5-14　老人葵

【课题评价】

本课题学习及考核建议：棕榈植物识别的学习和考核，贯穿于平时调查、整理、动手操作的过程中。最终课程结束后，每位同学需建立和拥有属于自己的植物图片库、当地园林植物信息库，方便后期相关课程学习时进行查阅。具体植物种类及课题练习内容，任课教师可根据当地植物资源、常见应用种类及学生实际情况进行选择。

1. 调查整理本地区常见棕榈植物种类，并简单描述其识别特征（列表归纳，识别要点需要用自己的语言，简练概括进行描述）。

编　号	名　称	识别特征	花　期
1			
2			
…			

2. 收集整理棕榈植物电子图片库。

以小组形式，制作PPT上交。PPT制作要求：每一种棕榈植物的图片至少应包括株形、叶片、应用形式，并标注照片收集来源、场所及时间。

3. 手绘常见棕榈植物，并用彩色铅笔上色。

4. 制作常见棕榈植物的标本。

单元6　草坪与地被植物

草坪与地被植物在园林应用上主要分为草坪草、地被植物、观赏草三大类。其中草坪草是指能够经受一定修剪而形成草坪的草本植物。地被植物是指某些有一定观赏价值，铺设于大面积裸露平地或坡地，或适于阴湿林下和林间隙地等各种环境覆盖地面的多年生草本和低矮丛生、枝叶密集或偃伏性或半蔓性的灌木以及藤木。广义上讲草坪草也属于地被植物，因其需要人工修剪及整体观赏性，通常另列为一类。木本地被植物包括低矮的常绿、落叶灌木和藤木，或者依靠人工修剪保持低矮的其他木本植物，已在园林树木单元进行描述，本单元介绍的地被植物主要指常见应用的草本地被。观赏草属于草坪草或宿根草花的一种，但其具有较强的耐寒性、耐干旱瘠薄能力以及独特的观赏特性，这里单列出来常用种类进行描述。

课题1 常见草坪草

草坪草大多数是叶片质地纤细、生长低矮、具有易扩展特性的根茎型和匍匐型或具有较强分蘖能力的禾本科植物，以及部分莎草科、蝶形花科、旋花科等非禾本科草本植物。根据温度要求不同，分为冷季型草坪草、暖季型草坪草两类。

一、冷季型草坪草

1. 草地早熟禾/别名：六月禾、肯塔基/禾本科 早熟禾属

（1）观赏形态

株高：自然生长高50～90cm。

茎秆：具细长、匍匐根状茎，多分枝，秆（枝）疏丛生，直立。

叶片：V形偏扁平，长30cm，宽2～4mm。柔软，多光滑，两侧平行，顶部船形，中脉两侧各脉透明，边缘较粗糙。取完整叶片，用手指顺着往叶尖端捋，到尖端会自然分叉，成开口状。

花朵：圆锥花序开展，长13～20cm，分枝下部裸露。

果实：颖果。

冬态：叶片淡绿，或叶片上部干枯，下部常绿。

（2）最佳观赏期　四季常绿，如图6-1所示。

图6-1　早熟禾

2. 高羊茅/别名：苇状羊茅、苇状狐茅/禾本科 羊茅属

（1）观赏形态

株高：自然生长高 90～120cm。

茎秆：茎圆形，直立，粗壮，具 3～4 节，光滑，簇生。

叶片：线状披针形，先端长渐尖，通常扁平，坚硬，下面光滑无毛，上面及边缘粗糙。叶鞘圆形，光滑，具纵条纹，边缘透明，基部红色。

花朵：圆锥花序疏松开展，直立或下垂，披针形到卵圆形。

果实：颖果。

冬态：叶片深绿，或叶片上部干枯，下部深绿。

（2）最佳观赏期　四季常绿，如图 6-2 所示。

3. 匍匐剪股颖/别名：本特草、四季青/禾本科 剪股颖属

（1）观赏形态

株高：自然生长高 30～40cm。

茎秆：具长的匍匐枝，节着地生有不定根；直立茎基部膝曲或平卧。

叶片：线性，浅绿色，柔软细腻，长 7～9cm，扁平，宽 5mm，两面具小刺毛。干后边缘内卷，边缘和脉上微粗糙。

花朵：圆锥花序开展，卵形，分枝一般 2 枚，近水平开展，下部裸露，小穗成熟后暗紫色。

果实：颖果卵形，细小。

冬态：叶片浅绿，或叶片上部干枯，下面浅绿。

（2）最佳观赏期　四季常绿，如图 6-3 所示。

图 6-2　高羊茅

图 6-3　匍匐剪股颖

4. 多年生黑麦草/别名：宿根黑麦草/禾本科 黑麦草属

（1）观赏形态

株高：自然生长高 80～100cm。

茎秆：分蘖多，丛生型，秆扁平直立。

叶片：狭长，扁平，柔软，长 9～20cm，宽 3～6mm，上面被微毛，下面光滑，边缘粗糙，叶脉明显。叶鞘疏松，开裂或封闭，无毛。

花朵：穗状花序，细长，可达 30cm。

果实：颖果。

冬态：叶片暗绿，或叶片上部干枯，下部暗绿。

（2）最佳观赏期　四季常绿，如图 6-4 所示。

图 6-4　多年生黑麦草

二、暖季型草坪草

1. 狗牙根/别名：百慕大、绊根草、爬根草/禾本科 狗牙根属

（1）观赏形态

株高：自然生长高 10～30cm。

茎秆：具根茎和匍匐茎，秆细而坚韧，下部匍匐地面蔓延很长，节上常生不定根，直立秆壁厚，光滑。

叶片：线条形，长 1～12cm，宽 1～3mm，通常两面无毛。叶鞘微具脊。

花朵：穗状花序，小穗灰绿色或带紫色。

果实：颖果。

冬态：冬季叶片枯黄。

（2）最佳观赏期　品种差异，生长期叶片浅绿至深绿，如图 6-5 所示。

（3）同属其他常用种或品种　天堂草（别名：矮生百慕大、杂交狗牙根）。

2. 结缕草/别名：锥子草、日本结缕草/禾本科 结缕草属

（1）观赏形态

株高：自然生长高 15～20cm。

茎秆：具横走根茎和匍匐枝，须根细弱，秆直立，基部常有宿存枯萎的叶鞘。

叶片：扁平或稍内卷，长 2.5～5cm，宽 2～4mm，表面疏生柔毛，背面近无毛。叶鞘下部松弛而互相跨覆，上部紧密裹茎。

花朵：总状花序呈穗状，小穗柄通常弯曲，小穗淡黄色或带紫褐色。

果实：颖果。

冬态：叶片干枯，黄白色。

（2）最佳观赏期　生长季叶片浅绿，如图 6-6 所示。

图 6-5　狗牙根

图 6-6　结缕草

（3）同属其他常用种或品种　沟叶结缕草（别名：马尼拉草、老虎皮草）。

【课题评价】

本课题学习及考核建议：常见草坪草识别的学习和考核，贯穿于平时调查、整理、动手操作的过程中。最终课程结束后，每位同学需建立和拥有属于自己的植物图片库、当地园林植物信息库，方便后期相关课程学习时进行查阅。具体植物种类及课题练习内容，任课教师可根据当地植物资源、常见应用种类及学生实际情况进行选择。

1. 调查整理本地区常见草坪草种类，并简单描述其识别特征（列表归纳，识别要点需要用自己的语言，简练概括进行描述）。

编号	名称	识别特征	花期
1			
2			
…			

2. 收集整理草坪草电子图片库。

以小组形式，制作 PPT 上交。PPT 制作要求：每一种草坪草的图片至少应包括叶片、花序、应用形式，并标注照片收集来源、场所及时间。

3. 常见草坪草的标本制作。要求标本为带根系、叶片、花序的完整植株。

课题2 草本地被植物

草本地被植物通常具有美丽花朵或果实或独特的株形及季节性变化、观赏期长等观赏价值，植株自身低矮，具有分蘖能力强、匍匐形或良好的可塑性等特点，具有广泛适应性和较强的抗逆性，耐粗放管理，能适应较为恶劣的自然环境。园林中常用草本地被植物包括：

1. 白花车轴草/别名：白三叶/豆科 车轴草属

（1）观赏形态

株高：高 20～30cm。

茎秆：株丛基部常分枝 5～10 个，茎匍匐，节部易生不定根。

叶片：掌状 3 小叶，表面有 V 形白色斑纹或无。

花朵：总状花序，数十朵小花密集成头状，花白色或淡粉色。

果实：果熟期 8 月，荚果倒卵状长形，含种子 3～4 粒不等。种子肾形，黄色或棕色。

冬态：地上部枯死。

图 6-7　白花车轴草

（2）最佳观赏期　花期 5～7 月，如图 6-7 所示。

（3）同属其他常用种或品种　冰绿三叶草、紫绿三叶草。

2. 铜锤草/别名：红花酢浆草、大酸味草、南天七/酢浆草科 酢浆草属

（1）观赏形态

株高：高 15～35cm。

茎秆：簇生，无地上茎。

叶片：掌状三出复叶基生，小叶倒心形。

花朵：聚伞花序，6~25朵，淡红色或淡紫色。

果实：荚果。

冬态：地上部枯死。

（2）最佳观赏期　花期4~10月，如图6-8所示。

（3）同属其他常用种或品种　紫叶酢浆草（别名：红叶酢浆草）。

3. 蛇莓/别名：蛇泡草、龙吐珠、三爪风/蔷薇科 蛇莓属

（1）观赏形态

株高：高10~15cm。

茎秆：茎匍匐。

叶片：三出复叶，小叶菱状卵形。

花朵：单生叶腋，花瓣5枚，黄色。

果实：花托果半球形，鲜红色。

冬态：地上部枯死。

（2）最佳观赏期　果熟期7~10月，如图6-9所示。

图6-8　铜锤草

图6-9　蛇莓

4. 小冠花/别名：多变小冠花、绣球小冠花/豆科 小冠花属

（1）观赏形态

株高：15~20cm。

茎秆：茎有条棱，中空，多分枝。

叶片：奇数羽状复叶，具11~23小叶，小叶长圆形，全缘。

花朵：伞形花序，12~20朵集成球状，花冠色多变，有玫瑰色、白色、紫色等。

果实：荚果细长如指状，每节含1粒种子。

冬态：地上部枯死。

（2）最佳观赏期　花期6~8月，如图6-10所示。

图6-10　小冠花

5. 石蒜/别名：彼岸花/石蒜科 石蒜属

（1）观赏形态

株高：30~50cm。

茎秆：鳞茎宽椭圆形或近球形，外皮紫褐色。

叶片：细带状，先端钝，深绿色，花后长叶，春末至夏季枯死。

花朵：秋季自茎抽出花茎，伞形花序，顶端5～10朵，花鲜红色或具白色边缘，花瓣波浪状，向外翻转，花蕊突出。

冬态：叶片常绿。

（2）最佳观赏期　花期夏、秋季，如图6-11所示。

（3）同属其他常用种或品种　忽地笑（别名：黄花石蒜）。

6. 紫花地丁/别名：地丁草、紫地丁/堇菜科 堇菜属

（1）观赏形态

株高：高4～12cm。

茎秆：无地上茎，根状茎稍粗。

叶片：单株叶片3～6。

花朵：堇紫色或紫色，具紫色条纹。

果实：荚果，种子数粒。

冬态：地上部枯死。

（2）最佳观赏期　花果期4月中旬至9月，如图6-12所示。

图6-11　石蒜

图6-12　紫花地丁

7. 金叶过路黄/别名：金钱草/报春花科 珍珠草属

（1）观赏形态

株高：5cm。

茎秆：枝匍匐，长40～50cm。

叶片：对生，圆形，金黄色，长1.5cm左右。

花朵：花期6～7月，黄色。

果实：果期7～10月。

冬态：常绿，地上金黄色叶子经霜后，叶色略带暗红色。

（2）最佳观赏期　生长期叶片金黄色，如图6-13所示。

图6-13　金叶过路黄

8. 马蹄金/别名：小金钱草、荷包草/旋花科 马蹄金属

（1）观赏形态

株高：高约5cm。

干枝：茎枝细长匍匐状，被灰色短柔毛，节上生根。

叶片：肾形至圆形，全缘，先端宽圆形或微缺，基部阔心形，叶面微被毛，背面被贴生短柔毛，具长叶柄。

花朵：单生叶腋，花冠钟形，黄色。

果实：蒴果近球形，小，膜质。

冬态：多年生，地上匍匐状草本。

（2）最佳观赏期　生长期叶片绿色，如图6-14所示。

（3）同属其他常用种或品种　银瀑马蹄金。

图6-14　马蹄金

9. 丛生福禄考/别名：锥叶福禄考/花荵科 福禄考属

（1）观赏形态

株高：高10～15cm。

茎秆：茎匍匐，丛生密集成毯状。

叶片：多而密集，坚硬，呈锥形，蓝绿色。

花朵：顶生聚伞花序，花色丰富，有粉红、白色、玫红色、带条纹等。

果实：蒴果。

冬态：半常绿，叶片褐绿色。

（2）最佳观赏期　花期4～5月，秋季偶有开花，如图6-15所示。

10. 连钱草/别名：活血丹/唇形科 连钱草属

（1）观赏形态

株高：10cm。

茎秆：匍匐茎，四棱形，逐节生根，基部常呈淡紫红色。

叶片：心形或近肾形，叶背紫色，茎上部叶片较大。

花朵：轮伞花序，通常2花，花冠淡紫色至紫色。

果实：果期5～6月，小坚果深褐色。

冬态：半常绿状，地上叶片变微红。

（2）最佳观赏期　花期6～9月，如图6-16所示。

图6-15　丛生福禄考

图6-16　连钱草

（3）同属其他常用种或品种　花叶欧亚连钱草。

11. 山麦冬/别名：大麦冬、土麦冬、鱼子兰、麦门冬/百合科 山麦冬属

（1）观赏形态

株高：高约30cm。

茎秆：根状茎粗短，木质，具地下走茎，近末端处常膨大成矩圆形、椭圆形或纺锤形的肉质小块根。

叶片：长25～60cm，宽4～6（8）mm，先端急尖或钝，基部常包以褐色的叶鞘，上面深绿色，背面粉绿色，具5条脉，中脉比较明显，边缘具细锯齿。

花朵：花葶自叶丛中抽出，总状花序，通常长于或几等长于叶，少数稍短于叶，花通常（2）3～5朵簇生于苞片腋内，花淡紫色或淡蓝色。

果实：果熟期8～10月，浆果圆形，蓝黑色。

冬态：常绿，叶色深绿。

（2）最佳观赏期　四季地上部常绿，花期5～7月，如图6-17所示。

（3）同属其他常用种或品种　细叶麦冬、阔叶麦冬（别名：大麦冬）、金边阔叶麦冬（别名：金边麦冬）。

12. 沿阶草/别名：绣墩草/百合科 沿阶草属

（1）观赏形态

株高：高约30cm。

茎秆：茎很短，细长根的近末端膨大成念珠状肉质块根。

叶片：基生成丛，禾叶状，长20～40cm，宽2～4mm，具3～5脉，边缘有细锯齿。

花朵：总状花序，小花白色或稍带紫色。

果实：果期8～9月，近球形，蓝色且有光泽。

冬态：叶片常绿。

（2）最佳观赏期　花期4～7月，如图6-18所示。

图6-17　山麦冬

图6-18　沿阶草

（3）同属其他常用种或品种　银边沿阶草、矮麦冬（别名：小沿阶草、玉龙草）、黑麦冬。

13. 葱兰/别名：玉帘、葱莲/石蒜科 葱兰属

（1）观赏形态

株高：高15～20cm。

茎秆：鳞茎卵形，颈部细长。

叶片：基生，线性，肥厚，亮绿色。

花朵：花茎中空，花单生于花茎顶端，白色，或外侧略带淡红色。

果实：蒴果近球形。

冬态：地上部枯死。

(2) 最佳观赏期　花期8～11月，如图6-19所示。

(3) 同属其他常用种或品种　韭兰。

14. 八宝景天/别名：华丽景天、长药八宝、大叶景天、八宝/景天科 景天属

(1) 观赏形态

株高：高60～70cm。

茎秆：地上茎簇生，粗壮直立，全株被白粉，呈灰绿色。

叶片：对生或3～4枚轮生，椭圆形或匙形，光滑，肉质，缘有波状齿。

花朵：伞房花序密集如平头状，小花淡粉红色。

冬态：地上部枯死。

(2) 最佳观赏期　花期7～10月，如图6-20所示。

图6-19　葱兰

图6-20　八宝景天

(3) 同属其他常用种或品种　三七景天（别名：费菜）、堪察加景天、德景天（别名：杂交景天）、佛甲草、金叶佛甲草、金叶景天、藓状景天、反曲景天、卧茎景天（别名：垂盆草）、松塔景天、胭脂红景天。

15. 石竹/别名：中国石竹、洛阳花/石竹科 石竹属

(1) 观赏形态

株高：高20～40cm。

茎秆：茎簇生，直立，上部分枝，粉绿色。

叶片：对生，条状披针形，长3～5cm，全缘或有细小齿，粉绿色。

花朵：单生或3朵成聚伞花序，花瓣5，淡红、粉红或白色。

果实：果期7～9月，蒴果圆筒形，包于宿存萼内。

冬态：常绿。

(2) 最佳观赏期　花期5～6月，如图6-21所示。

(3) 同属其他常用种或品种　美国石竹（别名：须苞石竹）、常夏石竹（别名：地被石竹、羽裂石竹）。

图6-21　石竹

16. 二月兰/别名：诸葛菜/十字花科 诸葛菜属

(1) 观赏形态

株高：高20～70cm。

茎秆：茎直立，有白色被霜。

叶片：基生叶耳状，下部叶羽状分裂，中上部叶三角状卵形，抱茎。

花朵：总状花序顶生，萼片淡紫，花瓣淡蓝色。

果实：果期4～6月，长角果条形。

冬态：地上部枯死。

（2）最佳观赏期　花期3～4月，如图6-22所示。

图6-22　二月兰

17. 虎耳草/别名：石荷叶、金钱吊芙蓉/虎耳草科 虎耳草属

（1）观赏形态

株高：高10～40cm。

茎秆：茎被长腺毛。

叶片：基生叶具长柄，叶片近心形、肾形或扁圆形，基部截形、心形。叶缘有不明显的浅裂，裂片边缘具不规则齿牙和腺毛，表面绿色，被腺毛，背面常红紫色，被腺毛，有斑点，掌状脉。茎生叶披针形。

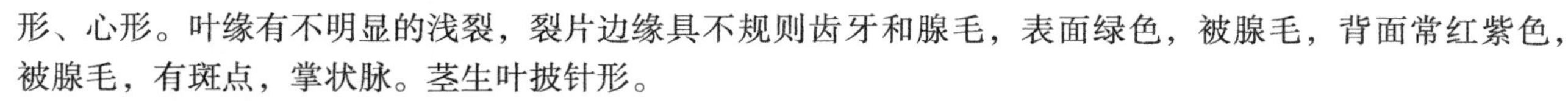

花朵：聚伞花序圆锥状，花白色。

冬态：地上部枯死。

（2）最佳观赏期　花果期4～11月，如图6-23所示。

18. 华东蹄盖蕨/蹄盖蕨科 蹄盖蕨属

（1）观赏形态

株高：高35～70cm。

茎秆：根状茎横卧或顶部斜升，顶端被鳞片，鳞片淡褐色至红棕色，膜质，披针形，全缘。

叶片：近簇生，革质，卵形或长圆状卵形，2～3回羽状分裂，裂片多对，互生。叶背面的孢子囊群长圆形、短线形或弯钩形。

冬态：地上部枯死。

（2）最佳观赏期　生长期观叶，如图6-24所示。

图6-23　虎耳草

图6-24　华东蹄盖蕨

19. 荚果蕨/球子蕨科 荚果蕨属

（1）观赏形态

株高：高70～90cm。

茎秆：根状茎短、直立。

叶片：簇生，有柄，二型，其中营养叶（不育叶）叶柄棕褐色，2 回羽状裂。孢子叶（可育叶）较短，具粗长柄，1 回羽状裂。

冬态：地上部枯死。

（2）最佳观赏期　生长期观叶，如图 6-25 所示。

20. 木贼/别名：千峰草、笔筒草/木贼科 木贼属

（1）观赏形态

株高：高 30 ~ 100cm。

茎秆：根状茎粗短，黑褐色，横生地下；地上茎直立，中空，有节，灰绿色，单生或丛生，多不分枝。

叶片：叶退化成鳞片状，叶鞘圆筒形，伏贴茎上，顶部及基部常有一黑色环。

冬态：地上部枯死。

（2）最佳观赏期　生长期观赏茎叶，如图 6-26 所示。

图 6-25　荚果蕨

图 6-26　木贼

【课题评价】

本课题学习及考核建议：常见地被植物识别的学习和考核，贯穿于平时调查、整理、动手操作的过程中。最终课程结束后，每位同学需建立和拥有属于自己的植物图片库、当地园林植物信息库，方便后期相关课程学习时进行查阅。具体植物种类及课题练习内容，任课教师可根据当地植物资源、常见应用种类及学生实际情况进行选择。

1. 调查整理本地区常见地被植物种类，并简单描述其识别特征（列表归纳，识别要点需要用自己的语言，简练概括进行描述）。

编　号	名　称	识别特征	花　期
1			
2			
…			

2. 收集整理地被植物电子图片库。

以小组形式，制作PPT上交。PPT制作要求：每一种地被植物的图片至少应包括株形、叶片、应用形式，并标注照片收集来源、场所及时间。

3. 手绘常见地被植物，并用彩色铅笔上色。

4. 制作地被植物标本。

课题3 常见观赏草

观赏草通常个体观赏价值高，具有叶形优美、叶色多彩、花序柔美、株形美观等特点，狭义的观赏草是指外形优美、具有观赏价值而可以应用于园林的禾本科草本植物；广义的观赏草除指禾本科草本植物外，还包括莎草科、灯芯草科、花蔺科、香蒲科、天南星科菖蒲属、百合科、鸢尾科等具有同样观赏价值的草本植物。园林中常见应用的植物种类有：

1. 狼尾草/别名：狗尾巴草、喷泉草/禾本科 狼尾草属

（1）观赏形态

株高：高60~100cm。

茎秆：丛生，粗糙坚韧。

叶片：条形，长15~50cm，宽2~6mm，初期浅绿色，夏季深绿色，秋季变为棕黄色。

花朵：穗状圆锥花序，颜色变化大，初期淡绿或淡黄色，后变为棕红色至紫红色。

果实：颖果长圆形。

冬态：多年生，地上部枯黄宿存。

（2）最佳观赏期　花果期7~10月中旬，如图6-27所示。

2. 远东芨芨草/别名：散穗羽茅/禾本科 芨芨草属

（1）观赏形态

株高：高1.5~2.0m。

茎秆：直立光滑，密集丛生。

叶片：深绿色，柔美，叶宽1.5cm。

花朵：圆锥花序顶生，绿色，开展，具长的芒，色彩亮丽。

果实：8下旬~9月成熟。

冬态：地上部枯黄枝叶保存良好。

（2）最佳观赏期　花果期7~8月，如图6-28所示。

图6-27　狼尾草

图6-28　远东芨芨草

(3) 同属其他常用种或品种　芨芨草。

3. 蓝羊茅/禾本科 羊茅属

(1) 观赏形态

株高：高15~30cm。

茎秆：密集丛生，直立光滑。

叶片：内卷成针状或毛发状，被银白色的霜，呈银蓝色。

花朵：花期5月。圆锥花序，长5~15cm，抽出后很快变成枯黄色。

果实：颖果。

冬态：四季常绿。

(2) 最佳观赏期　春、秋季叶片蓝色，如图6-29所示。

图6-29　蓝羊茅

4. 拂子茅/禾本科 拂子茅属

(1) 观赏形态

株高：高45~100cm。

茎秆：具根状茎，秆直立，密集丛生。

叶片：细长，宽5~8mm，条形，粗糙。

花朵：圆锥花序，挺直紧凑，灰绿色至淡紫色，秋季变为黄色。

果实：果熟期9月，颖果。

冬态：多年生，地上部植株和花序变金黄色，紧簇一丛直立。

(2) 最佳观赏期　花期6~7月，如图6-30所示。

(3) 同属其他常用种或品种　“卡尔富”拂子茅、花叶拂子茅。

图6-30　拂子茅

5. 紫御谷/别名：观赏谷子/禾本科 狼尾草属

(1) 观赏形态

株高：高1~1.5m。

茎秆：秆粗壮挺拔，单生或2~3个茎丛生。

叶片：平滑，长15~30cm，似玉米叶片，深紫色。

花朵：圆锥花序，圆柱形，长20~30cm，硬直，红紫色。

果实：人工选育的杂交种，不结种子。

冬态：一年生草本植物，冬季枯死。

(2) 最佳观赏期　深紫色叶片，花果期7~10月，如图6-31所示。

6. 细茎针茅/别名：墨西哥羽毛草、细茎针芒/禾本科 针茅属

(1) 观赏形态

株高：高30~60cm。

茎秆：密集丛生，细弱柔软。

叶片：细长如丝状绒毛，弧形弯曲呈喷泉状。

花朵：圆锥花序开展，具毛状分枝，不脱落，具芒。花序初期银白色，后期变为草黄色，一直保持到冬季。

果实：颖果细小。

冬态：多年生，地上部枯黄。

（2）最佳观赏期　花果期6～9月，如图6-32所示。

图6-31　紫御谷

图6-32　细茎针茅

7. 画眉草/别名：香香草/禾本科 画眉草属

（1）观赏形态

株高：15～60cm。

茎秆：细密，直立丛生，具4节，光滑。

叶片：线性扁平或卷缩，长6～20cm，宽6～9mm，粗糙，手触摸有特殊香味。

花朵：圆锥花序开展或紧缩，开花初期淡绿色，后期变为红褐色，似一团紫红云雾漂浮在植株上方，几乎将下部的叶片全部遮挡住。

果实：果熟期9～10月。

冬态：多年生，地上部枯黄。

（2）最佳观赏期　花期6～10月，如图6-33所示。

图6-33　画眉草

8. 花叶燕麦草/禾本科 燕麦草属

（1）观赏形态

株高：高20～30cm。

茎秆：簇生密集。

叶片：线性，长10～15cm，宽1cm，中脉绿色，两侧呈乳黄色至黄色。

花朵：圆锥花序，狭长。

果实：不结实。

冬态：多年生，常绿。

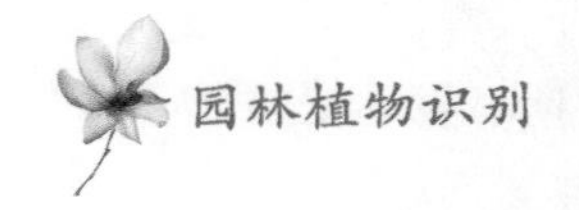

（2）最佳观赏期　四季观赏叶色，如图6-34所示。

图6-34　花叶燕麦草

9. 发草/别名：兹/禾本科 发草属

（1）观赏形态

株高：高30～50cm，盛花期达1.2m。

茎秆：直立或基部稍膝曲，具2～3节，密集丛生状。

叶片：基生叶，狭细坚韧，常纵卷或扁平，深绿色。

花朵：花期5～6月。圆锥花序疏松开展，不脱落，常下垂；初期绿色，后逐渐变为黄色，到冬季变为金黄色。

果实：果熟期8～9月，颖果。

冬态：多年生，地上部干枯。

（2）最佳观赏期　早春到初冬观赏绿色叶，如图6-35所示。

10. 花叶苔草/莎草科 苔草属

（1）观赏形态

株高：高20～30cm。

茎秆：具匍匐根状茎，蔓生速度慢，丛生状。

叶片：线性，较硬，弯曲或弧形，长30～40cm，宽10～20mm，具明显的白色或乳白色条纹。

花朵：总状花序圆锥状，具少数或多数花，单性。

果实：小坚果凸状。

冬态：多年生，地上枯死。

（2）最佳观赏期　生长期观叶、丛生状，如图6-36所示。

图6-35　发草

图6-36　花叶苔草

11. 蒲苇/禾本科 蒲苇属

（1）观赏形态

株高：成熟植株高2～3m，冠幅2m。

茎秆：茎秆中空状，末端长有柔软、银色的毛，高大粗壮，紧密丛生。

叶片：叶缘尖锐具齿，易划伤皮肤；多聚生于基部，极狭。

花朵：雌雄异株，雌花序硕大，柔软飘逸，显著突出于茎秆之上。

果实：颖果。

冬态：地上部干枯，直立丛生状。

（2）最佳观赏期　花果期9～11月，如图6-37所示。

（3）同属其他常用种或品种　矮蒲苇。

图6-37　蒲苇

12. 血草/别名：日本血草/禾本科 白茅属

（1）观赏形态

株高：高30～60cm。

茎秆：具地下根茎，直立丛生。

叶片：直立向上，丛生，剑形。新生叶片基部绿色，顶部红色，后期红色逐渐向基部扩展，颜色逐渐加深，到秋季变鲜亮红色。

花朵：圆锥花序，顶生，紧密狭窄成穗状，小穗银白色，很少开花。

果实：颖果。

冬态：多年生，叶色变淡至枯萎。

（2）最佳观赏期　生长期观赏红叶，如图6-38所示。

13. 花叶虉草/别名：玉带草/禾本科 虉草属

（1）观赏形态

株高：高50～100cm不等。

茎秆：具根状茎，密集丛生，茎秆外倾。

叶片：长10～30cm，粗糙，绿色叶片上具有奶白色平行于叶脉的条纹。

花朵：花期6～8月。圆锥花序，紧密狭窄成圆柱状，向上直立。

果实：颖果。

冬态：多年生，地上部枯黄。

（2）最佳观赏期　生长期观赏亮丽、白绿相间的叶片，如图6-39所示。

图6-38　血草

图6-39　花叶虉草

14. 柳枝稷/禾本科 黍属

（1）观赏形态

株高：变化较大，高1～2m。

茎秆：直立或松散弯曲，质较坚硬，丛生状或少部分蔓生扩展。

叶片：深绿或粉蓝色，秋季叶色变为金黄色至酒红色。

花朵：圆锥花序，开展疏放，开花初期淡粉色，后期变为黄色。

果实：果熟期9～10月。

冬态：多年生，地上部枯黄。

（2）最佳观赏期　花果期7~10月，如图6-40所示。

15. 花叶芒/禾本科 芒属

（1）观赏形态

株高：高1.5~1.8m。

茎秆：具根状茎，丛生。

叶片：具有明亮的平行于叶脉的白色条纹，叶片结构松散，下垂或外展，呈喷泉状，叶片长60~90cm。

花朵：圆锥花序，深粉色，花序高于植株20~60cm。

果实：颖果，无自播能力。

冬态：多年生，地上部枯黄。

（2）最佳观赏期　花果期8~10月，如图6-41所示。

图6-40　柳枝稷

图6-41　花叶芒

（3）同属其他常用种或品种　斑叶芒（别名：斑马草）、晨光芒。

16. 大油芒/别名：大荻、山黄管、红毛公/禾本科 大油芒属

（1）观赏形态

株高：90~120cm。

茎秆：密集，直立丛生，通常不分枝，冠形周正。

叶片：阔条形，长15~28cm，宽6~14mm，平展，亮绿色，秋季变紫红色。

花朵：圆锥花序，大且呈长圆形，开展多分枝，长15~28cm，宽1~3cm，夏天为绿色，秋天变为亮紫色。

果实：果熟期8月。

冬态：多年生，地上部枯黄。

（2）最佳观赏期　花果期7~9月，如图6-42所示。

图6-42　大油芒

17. 荻/别名：荻草、荻子/禾本科 荻属

（1）观赏形态

株高：高1.5m。

茎秆：匍匐根状茎，秆直立，节生柔毛。

叶片：长线性，扁平，边缘锯齿状粗糙，基部常收缩成柄，粗壮，中脉白色。

花朵：圆锥花序，扇形，稍细长，高高立于叶丛顶端。开花初期花序紧实，银白色，后开放蓬松，柔软。

果实：果熟期10月。

冬态：多年生，地上部枯黄，直立丛生。

（2）最佳观赏期 花果期9~10月，如图6-43所示。

18. 芦竹/别名：荻芦竹、旱地芦苇、江苇/禾本科 芦竹属

（1）观赏形态

株高：高3~6m。

茎秆：具发达根状茎，粗壮挺拔，坚韧、多节，常生分枝。

叶片：深绿色，长30~60cm，宽3~7cm，基部白色，抱茎。

花朵：圆锥花序粗大，长60~100cm，初期粉红色，秋末变为银白色。

果实：颖果细长黑色。

冬态：地上茎秆干枯，直立。

（2）最佳观赏期 丛生状的茎秆，花果期9~12月，如图6-44所示。

图6-43 荻

图6-44 芦竹

（3）同属其他常用种或品种 花叶芦竹。

【课题评价】

本课题学习及考核建议：常见观赏草识别的学习和考核，贯穿于平时调查、整理、动手操作的过程中。最终课程结束后，每位同学需建立和拥有属于自己的植物图片库、当地园林植物信息库，方便后期相关课程学习时进行查阅。具体植物种类及课题练习内容，任课教师可根据当地植物资源、常见应用种

类及学生实际情况进行选择。

1. 调查整理本地区观赏草种类，并简单描述其识别特征（列表归纳，识别要点需要用自己的语言，简练概括进行描述）。

编　号	名　称	识别特征	花　期
1			
2			
…			

2. 收集整理观赏草电子图片库。

以小组形式，制作 PPT 上交。PPT 制作要求：每一种观赏草的图片至少应包括株形、叶片、应用形式，并标注照片收集来源、场所及时间。

3. 手绘常见观赏草，并用彩色铅笔上色。

4. 制作观赏草标本。

单元1 概　　述

1. 园林植物的含义是什么？
2. 园林植物的生活型分类是什么？
3. 名词解释：一年生花卉、二年生花卉、宿根花卉、球根花卉。
4. 根据球根的形态结构和变态部位，球根花卉如何分类？分别举例说明。
5. 根据栽培习性不同，球根花卉如何分类？分别举例说明。
6. 根据对水分要求和生活方式的不同，水生花卉如何分类？分别举例说明。
7. 根据生活型不同，园林树木如何分类？举例并解释说明。
8. 根据地下茎的生长情况不同，竹子可分为哪三种生态型？举例并解释说明。
9. 棕榈类植物的特征是什么？举例说明。
10. 根据地理分布和对温度条件的适应性不同，草坪草如何分类？举例说明。
11. 解释地被植物、观赏草的含义，举例说明。
12. 园林植物的外形特征包括哪些内容？

单元2 园林花卉

课题1　一、二年生花卉

1. 常见的一、二年生花卉的种类有哪些？如何分类？
2. 一、二年生花卉识别应主要掌握哪些内容？
3. 一、二年生花卉与园林应用密切相关的内容是什么？
4. 如何从形态特征上区别万寿菊与孔雀草、金盏菊与百日草、三色堇与夏堇、玛格丽特花与白晶菊？
5. 菊科常见一、二年生花卉种类有哪些？
6. 列出春季、夏季、秋季开花的一、二年生花卉5～10种。
7. 描述以下花卉的观赏形态及花期：雏菊、虞美人、长春花、一串红、非洲凤仙、翠菊。
8. 列举春季开花为红、白、黄、粉、紫色的一、二年生花卉种类。

9. 列举当地夏季开花的一、二年生花卉种类。

10. 选择10种一、二年花卉，按照花期早晚组合栽植。

课题2　宿根花卉

1. 常见的宿根花卉的种类有哪些？如何分类？

2. 宿根花卉识别应主要掌握哪些内容？

3. 宿根花卉与园林应用密切相关的内容是什么？

4. 如何从形态上区别铃兰与玉竹、玉簪与紫萼、桔梗与风铃草、紫菀与荷兰菊、大花旋复花与赛菊芋、乌头与大花飞燕草？

5. 列出春季、夏季、秋季开花的宿根花卉5～10种。

6. 描述以下花卉的观赏形态及花期：随意草、山桃草、落新妇、薄荷、白头翁、火炬花、鸢尾、羽扇豆、芙蓉葵。

课题3　球根花卉

1. 常见的球根花卉的种类有哪些？如何分类？

2. 球根花卉识别应主要掌握哪些内容？

3. 球根花卉与园林应用密切相关的内容是什么？

4. 如何从形态上区别风信子与葡萄风信子、洋水仙与雪片莲？

5. 球根花卉如何进行分类？举例说明。

6. 石蒜科的球根花卉有哪些？请列举至少5种。

7. 描述以下球根花卉的观赏形态及花期：大花葱、美人蕉、大丽花、唐菖蒲、朱顶红、风信子、百合、中国水仙、郁金香、石蒜。

8. 列举春季开花的球根花卉种类。

9. 列举夏季开花的球根花卉种类。

10. 选择10种球根花卉，按照花期早晚组合栽植。

课题4　水生花卉

1. 常见的水生花卉的种类有哪些？如何分类？

2. 水生花卉识别应主要掌握哪些内容？

3. 水生花卉与园林应用密切相关的内容是什么？

4. 如何从形态上识别大薸、芡实？

5. 水生花卉可以分为哪几种类型？每种类型有哪些代表性植物？

6. 描述以下水生花卉的观赏特点和园林应用：荷花、睡莲、黄菖蒲、玉蝉花、菖蒲、千屈菜、香蒲、旱伞草、凤眼莲、荇菜。

7. 比较荷花与睡莲在形态上的区别。

8. 比较菖蒲、黄菖蒲、花菖蒲、香蒲这几种水生植物在形态上的区别。

9. 列举以观花为主的水生花卉，并描述其花色。

10. 选择8种水生花卉进行组合栽植，要求有色彩和竖向层次变化。

课题5　其他花卉

1. 常见的兰科花卉、仙人掌及多肉植物、蕨类植物和食虫植物的种类有哪些？如何分类？

2. 兰科花卉、仙人掌及多肉植物、蕨类植物和食虫植物的典型识别要点是什么？

3. 如何识别与区分春兰与建兰、蕙兰与大花蕙兰、蝴蝶兰与石斛兰？

4. 说出中国兰和洋兰的区别。
5. 举出 4 种中国兰，并简单介绍其植物形态。
6. 举出 5 种洋兰，并简单介绍其植物形态。
7. 将 10 种仙人掌及多肉植物按科、属、植物形态进行列表记录。
8. 鹿角蕨和鸟巢蕨有什么区别？
9. 何谓食虫植物？简要说明其食虫原理。

单元 3 园 林 树 木

课题 1 常绿乔木

1. 常见的常绿乔木的种类有哪些？如何分类？
2. 常绿乔木的识别应主要掌握哪些内容？
3. 常绿乔木与园林应用密切相关的内容是什么？
4. 举例说明如何做到常绿乔木的四季识别。
5. 搜集和松相关的诗句，理解松在中国传统文化中的象征意义。
6. 区分松科松属的几种常见植物种类：油松、樟子松、马尾松、白皮松、华山松、日本五针松、湿地松。
7. 木犀科分为哪几个属，请分别列举各属常见的植物，并描述其识别要点。
8. 识别校园及其周边区域分布的主要植物种类，并编制植物名录。

课题 2 落叶乔木

1. 常见的落叶乔木的种类有哪些？如何分类？
2. 落叶乔木识别应主要掌握哪些内容？
3. 落叶乔木与园林应用密切相关的内容是什么？
4. 举例说明如何做到落叶乔木的四季识别。
5. 杨属包括哪些种类？列举常见的加杨、毛白杨、钻天杨、新疆杨、小叶杨、青杨的主要形态区别。
6. 常见春色叶、秋色叶、常色叶类落叶乔木树种有哪些？
7. 列举当地几种从早春到秋季开花有观赏价值的落叶乔木。
8. 列举当地“五一”“六一”“七一”国庆节各 3 ~5 种开花的落叶乔木树种。
9. 列举当地常见落叶针叶树种种类。
10. 叶前开花的落叶乔木有哪些？
11. 楸树、黄金树、梓树的形态特征如何区别？

课题 3 常绿灌木

1. 常见的常绿灌木的种类有哪些？如何分类？
2. 常绿灌木识别应主要掌握哪些内容？
3. 常绿灌木与园林应用密切相关的内容是什么？
4. 常绿灌木中夏季开花的植物种类有哪些？
5. 大叶黄杨、小叶黄杨、龟甲冬青的形态区别是什么？
6. 粗榧、矮紫杉的形态区别是什么？

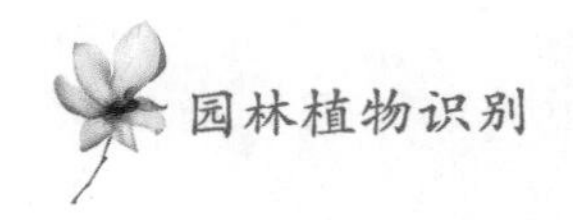

7. 沙地柏、铺地柏的形态区别是什么？

课题4　落叶灌木

1. 常见的落叶灌木的种类有哪些？如何分类？
2. 列举常见的春季、夏季、秋季开花的灌木。
3. 常见的绣线菊属植物种类有哪些？按照花期早晚排列说明。
4. 如何从形态特征上区分琼花、天目琼花、木绣球？
5. 园林应用中常见的月季种类有哪些？
6. 园林应用中常见的蔷薇种类有哪些？
7. 贴梗海棠、倭海棠、木瓜的形态区别是什么？
8. 迎春、连翘的形态区别是什么？

课题5　常绿藤木

1. 常见的常绿藤木的种类有哪些？如何分类？
2. 常春藤与扶芳藤的形态区别是什么？
3. 列举常绿藤本植物中开花观赏价值高的植物种类。

课题6　落叶藤木

1. 地锦与五叶地锦的形态区别是什么？
2. 凌霄与紫藤的形态区别是什么？
3. 木香与藤本月季的形态区别是什么？
4. 葡萄与猕猴桃的形态区别是什么？

单元4　观　赏　竹

1. 常见的散生竹、丛生竹、混生竹的种类有哪些？
2. 列举常见的刚竹属的植物种类，并进行形态区分。
3. 凤尾竹、孝顺竹的形态区别是什么？
4. 佛肚竹、人面竹的形态区别是什么？
5. 常见的矮生地被竹子种类有哪些？

单元5　棕榈类植物

1. 棕榈、蒲葵、老人葵、海枣的形态区别是什么？
2. 国王椰子、袖珍椰子、酒瓶椰子、假槟榔的形态区别是什么？

单元6　草坪与地被植物

课题1　常见草坪草

1. 列举常见的冷季型草坪草和暖季型草坪草。

2. 早熟禾、高羊茅、匍匐剪股颖、燕麦草的区别是什么？

课题 2 草本地被植物

1. 列举常绿的草本地被植物。
2. 分别列举常见的春季、夏季、秋季开花观赏的草本地被植物。
3. 常见景天科地被植物有哪些？
4. 葱兰与韭兰的区别是什么？
5. 山麦冬、沿阶草的区别是什么？
6. 如何区分白三叶与铜锤草？

课题 3 常见观赏草

1. 如何区分花叶芒、花叶虉草、花叶芦竹？
2. 列举夏秋季观赏花序的观赏草。

参考文献

[1] 刘燕. 园林花卉学 [M]. 北京：中国林业出版社，2003.
[2] 包满珠. 花卉学 [M]. 北京：中国农业出版社，2003.
[3] 傅玉兰. 花卉学 [M]. 北京：中国农业出版社，2001.
[4] 张天麟. 园林树木1600种 [M]. 北京：中国建筑工业出版社，2010.
[5] 陈有民. 园林树木学 [M]. 北京：中国林业出版社，2000.
[6] 姚永正. 园林植物及其景观 [M]. 北京：农业出版社，1991.
[7] 李春玲，张军民，刘兰英. 夏季花卉 [M]. 北京：中国农业大学出版社，2007.
[8] 武菊英. 观赏草及其在园林景观中的应用 [M]. 北京：中国林业出版社，2008.
[9] 吴泽民. 园林树木栽培学 [M]. 北京：中国农业出版社，2008.
[10] 辉朝茂，杜凡，杨宇明. 竹类培育与利用 [M]. 北京：中国林业出版社，1997.
[11] 庄雪影，冯志坚. 园林树木学（华南本）[M]. 3版. 广州：华南理工大学出版社，2014.
[12] 方彦，何国生. 园林植物 [M]. 北京：高等教育出版社，2005.
[13] 臧德奎. 观赏植物学 [M]. 北京：中国建筑工业出版社，2012.
[14] 北京林学院. 树木学 [M]. 北京：中国林业出版社，1980.
[15] 何国生. 森林植物 [M]. 2版. 北京：中国林业出版社，2014.
[16] 徐绒娣. 园林植物识别与应用 [M]. 北京：机械工业出版社，2014.
[17] 陈月华，王晓红. 园林植物识别与应用实习教程：东南、中南地区 [M]. 北京. 中国林业出版社，2008.
[18] 本书编写委员会. 园林景观植物识别与应用：灌木 藤本 [M]. 沈阳. 辽宁科学技术出版社，2010.
[19] 北京林业大学园林系花卉教研组. 花卉学 [M]. 北京：中国林业出版社，1990.
[20] 陈其兵. 观赏竹配置与造景 [M]. 北京：中国林业出版社，2007.
[21] 石雷. 观赏蕨类 [M]. 北京：中国林业出版社，2002.
[22] 施振周，刘祖祺. 园林花木栽培新技术 [M]. 北京：中国农业出版社，1999.
[23] 徐民生，谢维荪. 仙人掌类及多肉植物 [M]. 北京：中国经济出版社，1991.
[24] 包满珠. 花卉学 [M]. 3版. 北京：中国农业出版社，2011.
[25] 何济钦，唐振缁，等. 园林花卉900种 [M]. 北京：中国建筑工业出版社，2006.
[26] 韦三立. 水生花卉 [M]. 北京：中国农业出版社，2004.
[27] 陈开元. 家庭养花百科大全 [M]. 石家庄：河北科学技术出版社，2005.
[28] 柳骅，夏宜平. 水生植物造景 [J]. 中国园林，2003（3）：59-62.
[29] 胡惠蓉. 花卉的园林应用（下）[J]. 花木盆景：花卉园艺版，2002（11）：25.
[30] 余琼芳，石伟勇，王翠平，等. 优质东方百合栽培技术 [J]. 北方园艺，2006（5）：126-127.
[31] 董守聪. 朱顶红的栽培管理 [J]. 花田农技，2007（5）：60-61.
[32] 李海玲，韦静妮. 郁金香栽培与养护管理技术 [J]. 现代农业科技. 2008（4）：16-19.
[33] 李宁义. 唐菖蒲的生态习性、繁殖方法及栽培管理 [J]. 北方园艺，2002（4）：36-37.
[34] 阎永庆，王崑，王洪亮，等. 仙客来种子结构与幼苗发育规律的研究 [J]. 北方园艺，2000（2）：36-37.

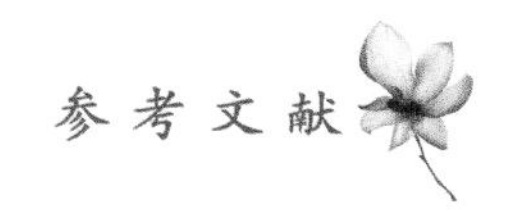

[35] 王彩云. 浅谈花卉在居室绿化装饰中的作用 [J]. 园林绿化，2008 (1)：36-37.
[36] 刘建敏，耿凤梅，魏洪杰. 风信子的栽培与花期控制技术 [J]. 北方园艺，2007 (3)：124-125.
[37] Allan M Armitage，Judy M. Laushman. Specialty Cut Flowers：The Production of Annuals，Perennials，Bulbs and Woody Plants for Fresh and Dried Cut Flowers [M] . 2nd ed. Portland：Timber Press，2003.
[38] Linda Beutler. Garden to Vase：Growing and Using Your Own Cut Flowers [M]. Portland：Timber Press，2007.